化学
在行动

有机化学
知多少

[英] 马丁·克洛斯 ◎ 著

黄辰鸣 ◎ 译

上海科学技术文献出版社
Shanghai Scientific and Technological Literature Press

图书在版编目（CIP）数据

化学在行动．有机化学知多少 ／（英）马丁·克洛斯
著；黄辰鸣译．—上海：上海科学技术文献出版社，2025.
—ISBN 978-7-5439-9097-5

　Ⅰ．O6-49

中国国家版本馆 CIP 数据核字第 2024774Y3V 号

Organic Chemistry

 A Brown Bear Book

Devised and produced by Brown Bear Books Ltd, Unit G14, Regent House, 1 Thane Villas, London, N7 7PH, United Kingdom

 Chinese Simplified Character rights arranged through Media Solutions Ltd Tokyo Japan email: info@mediasolutions.jp, jointly with the Co-Agent of Gending Rights Agency (http://gending.online/).

图字：09-2022-1060

责任编辑：付婷婷
封面设计：留白文化

化学在行动．有机化学知多少
HUAXUE ZAI XINGDONG. YOUJIHUAXUE ZHI DUOSHAO
[英]马丁·克洛斯　著　黄辰鸣　译
出版发行：上海科学技术文献出版社
地　　址：上海市淮海中路 1329 号 4 楼
邮政编码：200031
经　　销：全国新华书店
印　　刷：商务印书馆上海印刷有限公司
开　　本：889mm×1194mm　1/16
印　　张：4.25
版　　次：2025 年 1 月第 1 版　2025 年 1 月第 1 次印刷
书　　号：ISBN 978-7-5439-9097-5
定　　价：35.00 元
http://www.sstlp.com

目录

什么是有机化学?

化学家将化学物质分为两大类：有机物和无机物。有机物含有大量的碳元素。无论是塑料、汽油、还是药物，甚至于各种各样的生命形式都是如此——是的，包括你!

当你学习化学时，你会学到各种原子和分子（由原子组合而成）是如何相互作用的，以及它们的结构是如何决定它们的化学性质的。课本上的例子大多非常简单，你也能很容易地理解这些知识——比如水、盐类、金属等这些你每天都能接触到的物质。然而，你身边绝大部分物质可不是简简单单就能制备出来的，也不是三言两语就能解释清楚它的性质的。

复杂的化学物质

生物——自然界中最复杂的事物，以及人类制造出的许多有用的物质，比如塑料、燃料、药物，都是由非常复杂的化合物组成的。化学家们把它们归类为有机物是因为在自然条

当光线照射在漂浮在水面上的油层时，就会形成五颜六色的图案。油是一种有机物。

关键词

- **原子**：构成自然界各种元素的基本单位。
- **化合物**：两种或两种以上元素形成的单一的、具有特定性质的纯净物。
- **分子**：能独立存在，并保持特定物质固有物理、化学性质的最小单位。由不同数量的原子以不同方式组合而成。

历史沿革

化学的分类

    化学家于19世纪初开始对有机化合物展开研究。当时人们刚开始研究生命体内的物质，许多人都认为这些化合物太过复杂，只有生命体或是微生物才能够制造出来。所以，瑞典化学家约恩斯·雅各布·贝尔塞柳斯（1779—1848）将这类化合物称为有机化合物，其他化合物都被归入无机物范畴。然而在1828年，德国化学家弗里德里希·维勒（1800—1882）证明了有机物也可以在实验室中制备。他将两种无机化合物混合在一起进行反应，却意外生成了之前只有在尿液中才能提取到的有机物尿素。这一发现证明了有机物的构成方式与其他物质相同，只是更复杂一些而已。

◀ 左图是贝尔塞柳斯在实验室做实验的画像，他被认为是第一位有机化学家。贝尔塞柳斯还设计出了现在我们仍在使用的化学符号系统。

件下存在的这些化合物都是由生物制造出来的。

    化合物是由两种或多种元素的原子结合在一起而形成的物质。有机化合物包含许多的原子，成千上万的原子以十分精确的模式结合在一起。

    所有的有机化合物都是以碳元素为基础的。这些化合物也含有其他的元素，氢是最常见的，但氧、氮和氯也十分常见。

▶ 煤炭是一种含有有机化合物的岩石。煤主要被用作燃料，但也是很多有用的化学物质的原料。

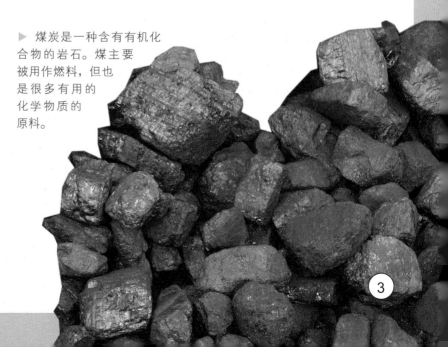

无机物和有机物的关系

早期研究有机化合物的化学家很难发现它们的更多性质，毕竟适用于研究无机化合物的方法并不完全适用于有机化合物。

化学家已经知道有机化合物含有碳原子和氢原子，因为有机化合物的燃烧产物中含有水蒸气和二氧化碳。当化合物与氧气发生反应时，会发生燃烧现象。通过

▼ 图中是在野外拍摄到的一对蝴蝶。蝴蝶的身体是由一系列有机化合物组成的，比如糖类、蛋白质和脂肪。没有有机化合物，就没有地球上的芸芸众生。

化学在行动

化学与生活

生命的存续离不开化学反应。从由食物中获取能量，到肌肉的运动，到我们在成长过程中身体组织的构建和损伤修复，都离不开化学反应。生命体内的化学反应离不开有机化合物，这些化合物的合成十分复杂，了解它们反应本身就是一门完整的学科，我们称之为生物化学。

生命体合成的许多有机化合物你一定不陌生，比如糖类、脂肪和蛋白质。糖类也被称作碳水化合物，它们都由碳、氢、氧这三种原子构成。脂肪的分子结构稍微复杂一些，分子内有着碳原子形成的长链。糖类和脂肪是生命体重要的能量来源。蛋白质的结构比前两者更为复杂，它们是身体的组成部分，构成例如肌肉和皮肤这样的组织。蛋白质分子非常大，除了碳、氢、氧这三种原子，还含有氮、硫和磷等原子。

也许最重要的有机化合物是脱氧核糖核酸（DNA）。DNA分子是携带基因的长链——它储存着构建生命体的编码信息。

▲ 图中是含有有机化合物的各种日常用品，包括了尼龙衬衫、CD、润肤露等。

测量燃烧时产生的每种气体的量，化学家可以计算出有机化合物中碳原子和氢原子的比例。1828年，维勒发现有机物也可以由无机物反应产生，这为化学家打开了一扇研究有机化合物的新大门。通过研究只有少量原子的简单有机化合物，例如坚

果油、螫人蚂蚁体内的甲酸，以及腐烂的水果产生的酒精，化学家发现有些化合物尽管在其他方面非常不同，但却以相同的方式发生化学反应。化学家们意识到，这些化合物分子内的某个部分有相同的原子团，我们称之为官能团，正是这些官能团决定了化合物的特性。现代化学家还在继续研究各种官能团的反应机制，甚至如何构造新的官能团。

关键词

- **生物化学**：用化学、物理学和生物学的原理和方法，研究机体内物质的化学组成、结构和功能以及生命活动过程中各种化学变化过程及其与环境之间相互关系的学科。
- **无机化合物**：含碳以外各种元素的化合物。
- **有机化合物**：分子中包含碳氢键的化合物及其衍生物。

碳的成键

所有的有机化合物都含有碳原子。碳也是唯一一种原子之间能形成各种长链、支链和环状结构的元素。这种能力有赖于碳的成键方式。

有机化合物分子有着令人难以置信的形状和大小。它们的分子可以形成链状、环状以及两者兼有的形状，还可以是卷曲状、球形，甚至是小管状。有机物分子的多态性有赖于碳原子之间形成强化学键的方式。如果要了解碳原子是如何形成如此多样的分子的，我们需要从纯碳分子开始讲起。

金刚石（又称钻石）由纯碳组成。碳原子相互连接，形成一个刚性网状结构。这使得金刚石成为人类已知的最硬的物质。

纯碳的形式

在自然界中，碳主要以4种方式存在：烟灰、富勒烯、金刚石和石墨。烟灰和富勒烯在燃烧含碳化合物时均可产生。富勒烯被人类发现不过几十年，它的结构非常脆弱。烟灰是一种被称为无定形碳的细小黑色粉末，没有有序结构，形成它的碳原子排布也比较随意。

石墨和金刚石是碳两种非常稳定的也是非常常见的纯碳形式，尽管都是由碳原子组成，但它们无论是外形还是性质都大不相同。石墨是一种黑色的、有金属光泽的物质，在光线下微微闪烁，它也像金属一样可以导电。

石墨相当软，是制造铅笔芯的原料之一。当铅笔从一张纸上滑过，笔芯中的石墨会被磨损，进而留下一条黑线，这条黑线就是很薄的碳原子层。

▲ 原油也被称作石油。石油是许多含碳化合物的混合物，例如焦油和汽油。

金刚石的很多特性与石墨完全相反。金刚石是无色透明且不导电的，是人类已知的最硬的物质，要打碎它可不容易。当金刚石晶体碎裂时，其裂面非常平整，这使它能够被加工成极具魅力的珠宝首饰。金刚石的裂面之间形成的点也非常锋利和坚硬，足以切穿任何固体。人们根据这一特性，在钻头和锯子上镶上一小颗金刚石，用以克服一切"硬骨头"。

碳原子

　　原子一般是由三种粒子构成的：质子、中子和电子。质子和中子是原子核的组成部分。质子带正电，中子不带电。碳原子核中有6个质子。大部分的碳原子有6个中子，极少数碳原子有7个或8个中子。

　　电子这种粒子在原子核外的空间里运动。电子是带负电荷的，可被核内带正电荷的质子吸引，这就是维持原子之间结合的力。碳原子的电子数和质子数相同，都是6个，其中2个在靠近原子核的内层运动，另外4个处于外层。形成化学键的是原子的最外层电子。碳原子可以和其他原子形成4个化学键。这种成键能力是碳表现出卓越化学性质的关键。

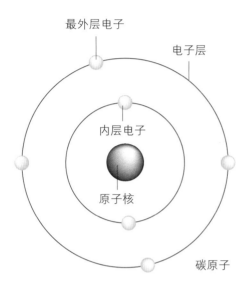

最外层电子

电子层

内层电子

原子核

碳原子

碳原子

　　石墨和金刚石都是由碳元素组成的，为什么有着这么大的差别呢？这是因为这两种物质内部碳原子的连接方式不同。为了理解碳原子是怎样成键的，我们先来看看碳原子的内部结构。碳原子最外层有4个电子用来与其他原子成键。原子之间通过共用、获得或者给出最外层电子来相互成键，由此填满原子的最外层，从而使原子处于稳定状态。

　　一般而言，原子的最外层可以容纳8个电子，一个碳原子必须和其他原子共用最外层的4个电子。我们把原子间通过共用电子形成的化学键称为共价键。碳原子的特殊之处在于，它的最外层电子是半充满（也叫作半空）的，这就使碳原子比其他大多数原子更稳定。因此，碳原子之间可以形成1个、2个甚至3个稳定的共价键。

▶ 这是二氧化碳气体从一罐倒出的汽水中滋滋冒出的样子。我们一般将二氧化碳和其他许多含碳的化合物归于无机化合物。但这些含碳的无机化合物中，碳原子的成键方式和有机化合物中碳原子的成键方式是一样的。

近距离观察

碳和共价键

碳原子最多可以形成4个共价键，这些共价键都是由两个原子的共用电子形成的。在一个简单的共价键中，两个原子各提供一个电子形成共用电子对。共用电子对同时处于两个原子的外层，从而吸引两边的原子并排靠近。共用电子对被两个呈正电性的原子核吸引，这种吸引力将两个原子维系（或结合）在一起。这种形式被称作单键。

一个碳原子可以和其他原子形成2个或3个共价键，我们分别称之为双键和三键。双键和三键多形成于两个碳原子之间。

在双键中，每个原子会贡献出2个最外层电子；在三键中则是每个原子贡献出3个最外层电子。含有双键或者三键的化合物比只含有单键的化合物的反应活性更大。通常双键和三键断裂后能形成几个更稳定的单键。

▶ 在单键中，两个原子各提供一个电子，在两个原子间形成一个共用电子对。原子的其他电子可以和另外的原子形成化学键。

▶ 在双键中，两个原子各提供两个电子，形成两个共用电子对。形成双键的原子之间的距离要比单键小。

▶ 在三键中，两个原子各提供三个电子，形成三个共用电子对。形成三键的原子之间的距离比双键更小。

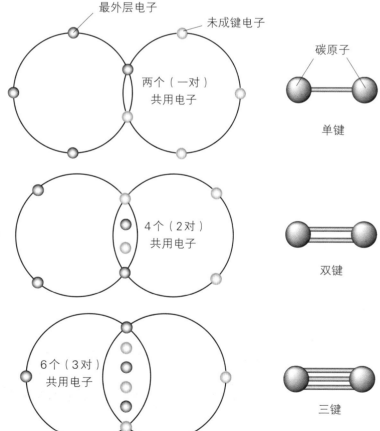

最外层电子

未成键电子

碳原子

两个（一对）共用电子

单键

4个（2对）共用电子

双键

6个（3对）共用电子

三键

石墨、金刚石以及其他形式的纯碳物质之间的差异源自碳形成双键和三键的能力。

不同的键

在金刚石中，碳原子间仅由单键连接，每个碳原子周围都结合着4个碳原子。由于所有的碳原子都紧密相连，一颗金刚石便是一个巨大的分子。金刚石的重量单位是"克拉"，1克拉为0.2克（0.007盎司）。这样大小的金刚石中足足有10^{23}个碳原子。在现实中，没有一颗天然金刚石是完美的，每颗金刚石总会有一些瑕疵。金刚石的高硬度是因为碳原子通过成键形

成了一个刚性网状结构。而石墨之所以如此柔软，和金刚石天差地别，是因为石墨中的一些碳原子是通过一种弱的化学键结合的。

▼ 图中的大烟囱正冒着浓浓的黑烟。烟是混有细小固体颗粒的高热气体，其中大多数固体是烟灰颗粒。与其他形式的碳不同，烟灰中的原子排布没有任何规律。

关键词

- **共价键**：原子间通过共享电子对形成的化学键。
- **电子壳层**：围绕原子核的一层电子。
- **原子核**：原子中心高密度的部分，由质子和中子组成。

近距离观察

◀ 我们都很熟悉石墨，它是铅笔芯的成分之一。

纯碳的种类

纯碳有着多种形式，每种形式都称为同素异形体。碳的3种同素异形体是石墨、金刚石和富勒烯。石墨分子的形状像一张张薄片，每个碳原子都与其他3个碳原子通过共价键结合，形成相互连接的六边形；每个原子还与相邻薄片中的原子形成第四个弱键，这使每个薄片都可以很容易地相互移动，因此石墨十分柔软。在金刚石中，所有单键的强度都相同，这也使切开金刚石非常困难，因为它的结构没有弱点。最后一种同素异形体叫富勒烯，它的结构非常不稳定，其被描述为卷成球的单片石墨。

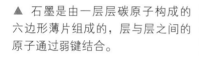

石墨

单键

六边形

弱键

六边形片层

▲ 石墨是由一层层碳原子构成的六边形薄片组成的，层与层之间的原子通过弱键结合。

单键

金刚石

四面体

◀ 在金刚石中，每4个碳原子为一组构成一个金字塔状的四面体，所有的四面体之间彼此连接。

▼ 这种富勒烯是一个由60个碳原子构成的球状分子。

富勒烯（C_{60}）

◀ 金刚石经过加工可以成为珠宝级别的钻石。它们反射光线的方式十分特别，从而呈现出绚丽夺目的光彩。

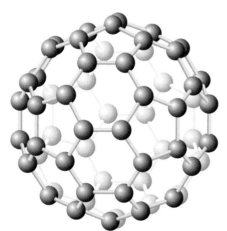

近距离观察

其他同素异形体

碳不是唯一拥有同素异形体（不止一种纯碳形式）的元素。纯的氧、硫、锡、砷等其他元素都存在多种同素异形体。虽然一种元素的同素异形体的形状、物理和化学性质各不相同，但它们的确只由一种元素的原子构成。由于每一种同素异形体分子内部的原子排列形式不同，导致它们具有不同的物理、化学性质。

比如，砷就有灰砷和黄砷两种同素异形体，前者硬度高，带有金属光泽，而后者则是一种易碎的粉末。硫可以形成多种同素异形体，有的呈立方体状，有的呈针状。金属锡有两种同素异形体，当温度升高时变成白色的白锡，当它再次冷却下来时，会慢慢恢复成灰色的灰锡。我们最熟悉的同素异形体可能是臭氧，它是氧的一种同素异形体。

在石墨内部，每个碳原子只通过单键与三个碳原子直接相连，每个碳原子还与第四个碳原子相连。然而这个化学键是个弱键，它的成键方式虽然类似双键，但由于两个原子之间只共用一对电子而不同于双键。这第四个键非常弱，因此石墨中碳原子之间的结合强度并不高。

当外力施加在石墨上时，原子间的弱键很容易被破坏，使得石墨断裂或者产生形变。一块石墨摸上去很滑，是因为即便轻微的触摸也足以擦掉一层石墨。因此石墨可替代油脂作为润滑剂使用。

导电

石墨的结构还解释了它为什么可以导电，而金刚石却不可以。电子（有时是其

▼ 并不是所有含碳化合物都是有机物。许多简单的含碳化合物被归入无机物是因为碳原子并不成链或者成环。图中的悬崖峭壁主要由石灰石构成，其主要成分是碳酸钙（$CaCO_3$）。在碳酸钙中，每个碳原子都和三个氧原子紧密结合，再一起与钙原子结合。碳酸钙非常有用，人们将它用于制造粉笔、钢铁和建筑。

他带电粒子）移动通过某种物质时会产生电流。这些移动的粒子将能量从一处转移到另一处。家庭、学校以及工作场所的许多机器都需要靠电流驱动。

可以导电的物质称为导体，它们内部有自由电子可以移动。不能导电的物质称为绝缘体，它们内部没有自由电子。

石墨是导体，因为石墨中的弱化学键中的电子很容易挣脱束缚，从而在石墨晶体的碳原子片层之间自由移动。金刚石中所有的电子都被牢固的单键束缚住了，很难挣脱出来形成电流，所以金刚石是绝缘体。

富勒烯

富勒烯是碳的第三种同素异形体，也是导体。然而，它们的电子自由移动的方式又与其他的同素异形体不同。了解富勒烯的结构也将有助于我们了解有机化合物的性质。

富勒烯常在燃烧含碳化合物的时候产生。富勒烯分子很不稳定，通常会迅速分解成类似烟灰的物质。最简单的富勒烯有60个原子，它的分子式为 C_{60}。

富勒烯于1985年首次被发现，最初被称为巴克明斯特富勒烯。所有类似的碳结构现在都被称为富勒烯，C_{60} 的昵称是"巴基球"或者"足球烯"。在巴基球和其他富勒烯中，每个碳原子都与另外三个碳原子结合，大多数以与石墨相同的方式形

历史沿革

从火焰中诞生的"球"

人们数千年前就认识了石墨和金刚石，但碳的第三种同素异形体直到20世纪才为人所知。1985年，英国化学家哈罗德·克罗托（1939—2016）与美国的两位化学家理查德·斯莫利（1943—2005）和罗伯特·柯尔（1933—2022）合作，尝试弄清楚恒星表面的状况。他们使用超热激光气化碳样品，然后分析产生的物质。他们的实验产生了许多碳原子簇，就像在烟灰中看到的那样。然而，他们惊讶地发现实验中还生成了含有60个碳原子的簇。这些碳原子簇比他们预期的要大得多，而且不容易裂析。科学家们意识到碳原子很可能形成了一个空心的笼状球。进一步的实验表明，用更多的碳原子可以制成球状或其他中空结构的物质。克罗托、斯莫利和柯尔也因为发现了一种新的碳同素异形体而获得了1996年诺贝尔化学奖。他们以美国建筑师理查德·巴克敏斯特·富勒（1895—1983）的名字将这些物质命名为富勒烯。富勒在20世纪50年代设计的圆形穹顶结构和这种化学物质形状意外地一致。

▼ 这是1967年富勒为加拿大蒙特利尔世博会美国馆设计的圆形穹顶。

成六边形。然而，在少数情况下，碳原子也会形成五边形。这一整片相互连接的六边形和五边形卷成一个球体。

不同于石墨和金刚石，富勒烯内的碳原子并不形成第四个键。相反，每个原子中的未成键电子为各原子所共用。这些电子像一层"云"一样均匀覆盖在富勒烯球体的表面。"云"中的电子可以自由移动，也能导电，这使得富勒烯成为一种非常有商业应用前景的物质。人们已经将富勒烯制成碳纳米管，或许有一天我们能见到碳纳米管制成的管道和电线被应用在微型机

器上。富勒烯是中空的，可以"包裹住"其他原子。由于被包裹住的原子不会与富勒烯成键，因此也不会生成化合物。化学家们不得不想出一种描述这种排列方式的新方法。比如被富勒烯包裹的氦原子，就要写成 $He@C_{60}$。

关键词

- **同素异形体**：由同种元素组成的结构不同的单质。
- **晶体**：由原子、离子或分子在空间按一定规律周期重复地排列构成的固体物质。
- **导体**：用以载荷电流的元件。
- **绝缘体**：在电场作用下自由电荷不能在其中移动的物体。

化学在行动

碳纳米管

富勒烯不只有球形一种形状。1991年，日本科学家饭岛澄男制成了管状的富勒烯。这些管状分子由一整片碳原子制成，这些碳原子以与石墨分子相同的六边形相互键合。这种管状的富勒烯被称为碳纳米管。碳纳米管非常薄。如果有一根长度足以连接地球和月球的碳纳米管，它可以被卷成一个小米粒大小的小球！可惜的是，科学家们现在只能制成比较短的碳纳米管。如果我们知道怎么造出很长的碳纳米管，我们就能把它应用到方方面面。比如，我们可以把碳纳米管编织成比钢轻得多而强度却大得多的材料。

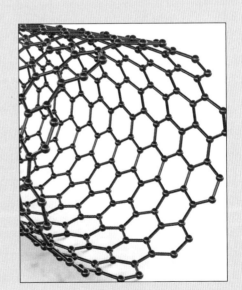

▶ 一段碳纳米管的图示。

有机化合物

碳原子可形成不同类型化学键，这种能力使大量的不同的有机化合物的存在成为可能。正如你所看到的，有机化合物涵盖了从易燃易爆气体到有特殊气味的液体，再到有弹性固体的很多物质。

▼ 塑料制品由长链状的有机化合物制成，可以模塑制成任何形状。

近距离观察

原子计数

原子太小了，一个一个数当然是数不过来的。那么化学家们是怎么知道某物质中含有的原子数呢？化学家们会用一个叫"摩尔"的单位来进行原子的计数。摩尔这个单位很大，1摩尔的原子数等于602 213 670 000 000 000 000 000。

化学家在称量一种物质时，会计算这种物质有多少摩尔的原子或分子。每种元素的原子具有固定数量的粒子，因此每个原子的质量也是固定的。（电子因为质量太小可以忽略不计）

碳原子的原子核中的粒子数是氢原子的12倍，因此，1摩尔碳原子的质量也是1摩尔氢原子质量的12倍。所有原子的质量都可以用这种方式来比较。化学家们把碳作为测量摩尔数的基准。1摩尔的碳重12克，所有其他元素的质量都以此作为基准进行测量。

注：此处的碳指中子数、质子数均为6的碳原子。

12摩尔的氢 ＝ 1摩尔的碳

1摩尔的镁 ＝ 2摩尔的碳

1摩尔的氯 ＝ 3摩尔的碳

▲ 图中为不同元素质量与碳质量的比较。

3 碳　链

碳原子强大的成链能力使有机化合物的家族非常庞大。碳原子的成链长度没有上限，并且还可以形成非常复杂的网状结构。

最简单的有机化合物只由碳和氢两种元素的原子构成。这样的化合物被称为碳氢化合物，或者烃。烃是非常有用的物质，它们在石油和天然气中混合存在。

汽油和其他各种燃料是烃家族中的重要成员，烃也用于制造许多其他物质。在烃分子内部，碳原子可以与别的碳原子成键，也可以与氢原子结合。每个碳原子最多可以与4个不同原

蜡烛的火焰是蜡熔化后在空气中燃烧时产生的。蜡的原料是石蜡，它是多种烃的混合物。

晚高峰时期，车辆在繁忙的道路上来来往往。大部分汽车和货车都使用烃类作为燃料，如汽油和柴油。

子成键，而氢原子只能形成一个键。烃分子中的氢原子总是与碳原子成键。

强化学键

烃都是共价化合物，因为烃分子中的原子都通过共用电子成键。碳原子能够形成长链是因为两个碳原子之间的化学键非常稳定，而碳原子自身的最外电子层又是半充满的。碳原子和氢原子之间的化学键也很强。氢原子形成稳定化学键的原理与碳原子相同。

氢原子只有一个电子层和一个电子，而这个电子层最多只能容纳两个电子。因此，氢原子的电子层和碳原子一样，也是半充满的。

每个氢原子只能形成一个键，所以氢原子不能成链。但氢原子和碳原子键合后，就能形成化学中最复杂、最多样的化合物。

关键词

● **烃**：仅由碳和氢两种元素组成的有机化合物。

烷烃

在最简单的烃化合物中，原子都是通过单键连接。这类碳氢化合物被称作烷烃。由于分子中只存在单键，烷烃分子都含有与金刚石相同的金字塔结构，但烷烃分子形成的是长长的链状而不是金刚石这样的网状结构。虽然本书中我们都用平面图来表示烷烃和其他所有有机物，但它们的实际形状是比较复杂的。

最简单的烷烃是甲烷，它的分子式是CH_4。甲烷分子中，每个碳原子都与四个氢原子相连接。再复杂一些的烷烃是乙烷，分子式是C_2H_6，每个碳原子都与3个氢原子相连接。丙烷（C_3H_8）有3个互相连接的碳原子，丁烷（C_4H_{10}）则有4个互相连接的碳原子。每增加一个碳原子，烷烃分子就"长大"一些。烷烃可以用通项

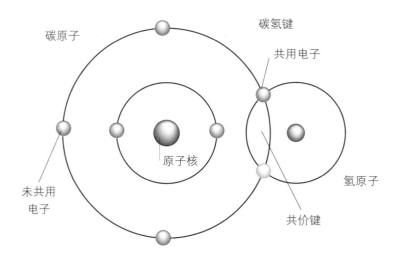

▲ 碳原子和氢原子间的共价键。

公式C_nH_{2n+2}来表示，n表示烷烃分子中碳原子的数量。比如，甲烷中有一个碳原子，n的值便为1，那么甲烷中的氢原子数量就是（2×1）+2=4个。

命名系统

由于需要研究的化合物众多，化学家们设计出了一套有机化合物的命名系统，并以有机物分子中的碳原子数作为前缀达成了一致。比如，2个碳原子的有机化合

▼ 烃类不只在地球上存在。据对土星卫星土卫六的探测显示，土卫六上存在甲烷云和甲烷湖。这是艺术家想象中探测器视角下在土卫六上看到的景象。

分子的命名

碳原子的数量	前缀
1	甲
2	乙
3	丙
4	丁
5	戊
6	己
7	庚
8	辛
9	壬
10	癸

物，就用天干中第二位的"乙"做前缀，而含有8个碳原子的有机化合物则用第八位的"辛"做前缀。所有烷烃化合物都用"烷"字做结尾。所以，C_2H_6命名为乙烷，C_8H_{18}命名为辛烷。这样的命名系统也适用于其他烃类。

烷烃化学

我们已经知道，烷烃分子中的化学键相当稳定，这也就使得烷烃的化学性质并不活泼。烷烃最重要的反应是燃烧。烷烃在和氧气反应的时候会燃烧并释放出大量能量，这也是烷烃被用作优质燃料的原因。

例如，从地下开采的天然气的主要成分是甲烷，燃气炉灶或是锅炉的运转都少不了它。天然气也可以输送到发电厂用于燃烧发电，燃烧过程中会产生二氧化碳和水。烃类化合物的燃烧产物中都含有二氧化碳和水，但不同的烃类产生的量不同。

关键词

- **烷烃**：分子结构中仅含有饱和键的烃。
- **化学方程式**：是用化学式（元素符号和数字的组合）来表示物质化学反应的式子。
- **燃烧**：物质进行剧烈的氧化还原反应，伴随发热和发光的现象。

近距离观察

烷烃

烷烃分子仅由单键构成，分子中的每一个碳原子都与其他四个原子相连接。烷烃也是大部分人最熟悉的烃类。汽油含有大量的辛烷。用于制作蜡烛的石蜡是由碳原子数22～27不等的不同烷烃组成的混合物。

▼ 三种最简单的烷烃

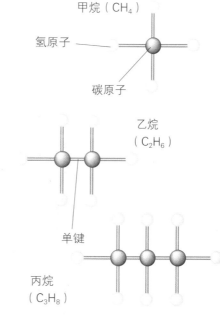

甲烷（CH_4）

氢原子

碳原子

乙烷（C_2H_6）

单键

丙烷（C_3H_8）

▶ 这是烧烤架上的火焰。用于烧烤的燃料是甲烷和丙烷。

化学
在行动

全球变暖

汽油和其他燃料常被称作化石燃料，这是因为位于地下深处的石油、天然气和煤炭是很久之前死亡的植物和其他生命体的遗骸。这些生命体在死后被埋入地下，在地底经受长时间的高压和高热后最终分解成各种烃。

这些烃中的碳来自这些生命体还在地球上活跃时的空气。生命体摄入空气中的碳用以构建自己的身体组织。长久以来，这些碳被固定在地底下。现在，人们从地底开采出这些化石燃料作为能源使用。烃类在燃烧过程中产生二氧化碳和水，这些燃烧产物都被排放到了大气中。

人们使用化石燃料的历史已经超过200年。这期间，地球中的二氧化碳含量增加了近50%。地球的大气层就像盖在地表的毯子一样，可以防止热量散失并维持地球的温度。然而，现在大气中的二氧化碳含量更高了，它"锁住"的热量似乎也太多了。

地球的不断变暖与我们大量使用化石能源并排放二氧化碳息息相关。科学家认为，在100年内，地球温度将会上升约3℃，给地球气候带来巨大的变化。

▲ 谁也不知道一个极端温暖的世界是什么样子的。但可以肯定的是，有些地方会褪去绿色变成沙漠，有些地方则会被海水彻底淹没。

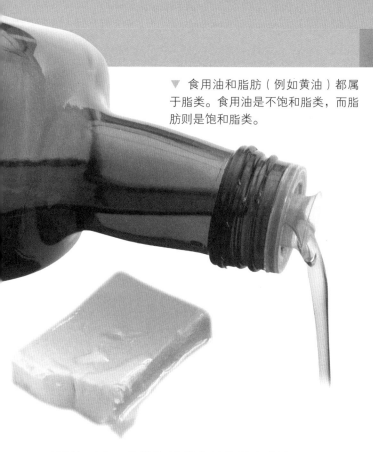

▼ 食用油和脂肪（例如黄油）都属于脂类。食用油是不饱和脂类，而脂肪则是饱和脂类。

对甲烷而言，其燃烧过程中的化学方程式如下：

$$CH_4 + 2O_2 \xrightarrow{\text{点燃}} CO_2 + 2H_2O$$

烯烃

在烷烃中，每个碳原子都形成4个单键。化学家们称烷烃为饱和烃，或者说，烷烃中的原子都键合了最大数量的其他原子。

如果一个分子中的碳原子键合的其他原子少于4个，那么这个分子就被称为不饱和的。如果烃分子中的碳原子只和其他3个原子成键，那么这样的分子就被称为烯烃。最简单的烯烃是乙烯（C_2H_4）。在乙烯中，两个碳原子通过一个双键连接。由于连接两个碳原子用了两个键，这样的

碳原子就只有两个键用来连接氢原子了。烯烃"长大"的方式和烷烃一样。丙烯（C_3H_6）中含有3个碳原子，丁烯（C_4H_8）含有4个，以此类推。烯烃和烷烃一样没有长度上限。

烯烃化学

烯烃与烷烃和其他烃类一样自然存在于石油之中，但人们也会大量制造烯烃，因为烯烃中的双键非常有用。烷烃一般只用作燃料使用，而烯烃则可以与其他化合物反应生成许多新的化合物。

近距离观察

烯烃

含有通过双键连接的碳原子的烃称为烯烃。双键的存在使烯烃的形状固定下来。单键允许分子中的各个部分独立旋转，但双键不能旋转，因此分子中的这部分无法转动，这对于支链连接在双键某一侧的支链分子的结构影响最大。

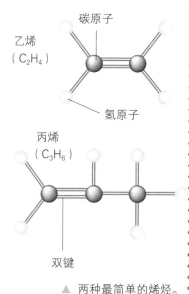

乙烯（C_2H_4）

碳原子

氢原子

丙烯（C_3H_6）

双键

▲ 两种最简单的烯烃。

烯烃是比较活泼的化合物，因为双键很容易断裂形成两个单键。例如，烯烃可以和氢气（H_2）反应生成乙烷，反应方程式为：$C_2H_4 + H_2 \longrightarrow C_2H_6$。这样的反应被称为加成反应，因为氢原子被"加到"乙烯分子上。

炔烃

在两个碳原子之间含有三键的碳氢化合物称为炔烃。炔烃比烯烃更加活跃，这是因为炔烃中的三键比烯烃中的双键更容易断裂而生成三个单键。由于炔烃相当活泼，它很少存在于原油中，所以绝大部分的炔烃都是人工合成的。最简单的炔烃是乙炔（C_2H_2）。乙炔也和乙烯一样可以用来制造例如塑料和药物等各种有用的产品。同时，乙炔也用于焊接和切割金属。乙炔在氧气中燃烧时的温

近距离观察

炔烃中的碳原子间通过三键相连接。最简单的炔烃是乙炔，在乙炔分子中，每个碳原子只与一个氢原子相连接。更大的炔烃分子中，不是每一个碳原子都与其他碳原子形成三键。分子中只要有一个碳碳三键，就属于炔烃。

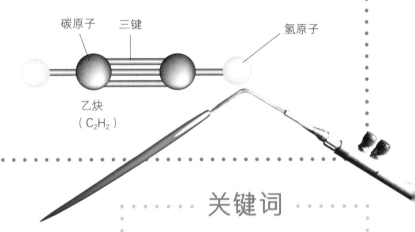

碳原子　三键　　　　　　　　氢原子

乙炔
（C_2H_2）

▲ 这是用于切割实心钢材的氧乙炔焊炬。这种高温火焰是燃烧乙炔时产生的。

关键词

- **烯烃**：分子中含有碳碳双键的脂肪烃。
- **炔烃**：分子中含有碳碳三键的不饱和链烃。
- **饱和**：在给定温压条件下，溶液所含溶质的量达到最大限度，或空气中所含水蒸气达到最大限度的情况。

度可以高达约3 500℃，比一般燃料燃烧时的温度高得多。

石化产品

在碳氢化合物如烷烃和烯烃等被用作燃料或是工业用途之前，必须经过精炼。精炼后的烃类被称为石油化工产品，简称石化产品。烃类的来源主要是石油，这是一种气体、液体和油泥状固体的混合物。在英语中，石油这个单词是由拉丁语单词"岩石"和"油"组合而成的。大部分的石油都深藏于地下，必须用泵将其输送到地面。石油是很久之前死亡后被埋在岩石下的植物和其他生命体的遗骸。

▽ 这是生产石化产品的炼油厂。

支链分子

并不是所有的烃类都只有一条直链。有4个或4个以上碳原子的分子可以含有支链。有支链的分子可以与直链分子含有相同数量的原子，它们的化学式也是相同的。

化学家使用命名系统来描述每个分子的结构。分子的名称取决于最长的直链。下图的1号烷烃，它的四个碳原子都在一个链上，因此被命名为丁烷。2号烷烃也有4个碳原子，但它最长的碳链和丙烷一样只有3个碳原子，另一个碳原子带着3个氢原子（—CH_3，称为甲基）与碳链中间的碳原子连接，这个分子的命名为甲基丙烷。3号烷烃在两个不同的碳原子上各连接了一个甲基，在命名时要用数字表示这两个甲基在碳链上连接的位置，因此3号烷烃的命名为2，3-二甲基丁烷。

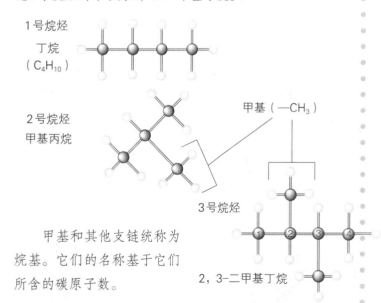

1号烷烃
丁烷
（C_4H_{10}）

2号烷烃
甲基丙烷

甲基（—CH_3）

3号烷烃

2，3-二甲基丁烷

甲基和其他支链统称为烷基。它们的名称基于它们所含的碳原子数。

碳原子数	烃基	分子式
1	甲基	—CH_3
2	乙基	—C_2H_5
3	丙基	—C_3H_7
4	丁基	—C_4H_9

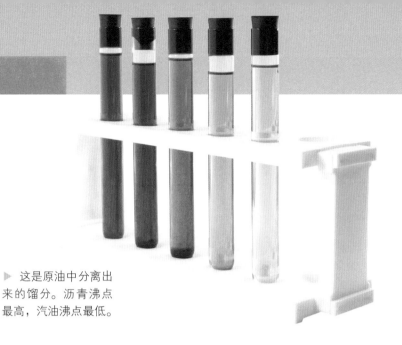

分馏

　　未经分馏的石油被称为原油。在炼油厂经过分馏后，原油中的所有气体、水分、无用的固体如泥沙等都会被去除。留下来的烃类会被泵到高大的分馏塔底部，然后加热到380℃。分馏塔可以用于分离不同大小或馏分的烃分子。

　　在加热的过程中，大部分烃类都会变成气体。气体混合物沿着塔柱向上流动，在上升过程中不断冷凝形成液体，这些液体分别在分馏塔内的几个"收集点"被收集。

　　分子量比较小，比较"轻"的烃，如正戊烷（C_5H_{12}），其沸点相比分子量较

▶ 这是原油中分离出来的馏分。沥青沸点最高，汽油沸点最低。

▼ 这是炼油厂的分馏塔。

大、较"重"的烃要低，它们在上升到分馏塔顶部被收集起来的时候依然以气体形式存在。而分子量更大的烃则在较低高度的收集点处就会形成液体而被收集起来。

近距离观察

▲ 上图是块状的沸石和被粉碎后的沸石。沸石是生产石化产品的催化剂。这种特殊形状的晶体用于将长链烷烃裂解成更小的支链分子。

打断长链

原油中的大部分烷烃都是直链烷烃。约有90%的原油最终变成燃料——但是，原油经分馏分离后，只有20%左右是可以直接利用的，剩余部分被泵入反应器中转化为更有用的成分。在反应器中，烷烃会被裂解。裂解是将长链烷烃分子分解成较短链的烷烃和烯烃分子的过程。烃类要在高温、高压的状态下才可以裂解，但仅仅如此还不够，裂解反应还需要催化剂。催化剂是一种有助于加速反应进行但在反应完成后不会变化的物质。

裂解使用的催化剂是沸石。沸石是由铝和硅的化合物制成的，它有着非常复杂的中空结构。当烃类被泵输送通过沸石时，它们会裂解成更小的分子。

催化剂的工作原理

有些化学反应的速率非常缓慢，或是需要非常高的温度才可以进行。催化剂是一种可以使反应加速的物质，因此可以节约时间和金钱。它的作用是将反应物聚集在一起使之重新排列形成新产物。而催化剂在反应中并不会被消耗，所以它可以继续和新的反应物进行反应。

催化剂还可以确保化学反应按正确的方式进行而不发生非预期反应。[①] 例如，固体钴催化剂用于使甲烷与氧气反应生成更大的烷烃，例如乙烷。

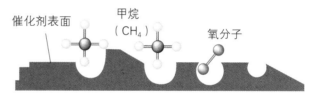

▲ 分子在催化剂表面聚集。

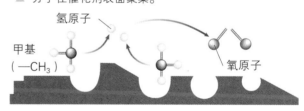

▲ 氧气分子分解成单个的氧原子。一个氧原子从一个甲烷分子上"拉下"一个氢原子，将甲烷变成甲基。

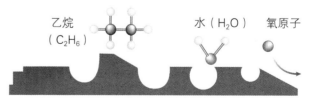

▲ 两个甲基结合在一起生成乙烷分子，两个氢原子和一个氧原子结合生成水分子。剩下的一个氧原子又可以和其他甲烷分子进行反应。

① 我们通常使用固体催化剂，它不会与气体或液体反应物混合。

优质汽油

裂解后的烃类同样要经过分馏分离出不同的馏分。分离出来的馏分中只有一部分可以直接用作燃料。然而，此时分馏出来的烃分子太小、太轻，不能用作汽油。优质汽油是分子量较小并带有支链的烷烃。支链烷烃比直链烷烃燃烧更慢，能使发动机保持平稳运转。

另一种叫作烷基化的过程可以让裂解中产生的较小、较轻的烷烃和烯烃转化为

▼ 油井的位置通常较为偏远。原油通过长管道泵送至炼油厂或停泊在港口的油轮上，油轮再将原油运送至炼油厂。

类有机物

▲ 车辆的挡风玻璃上涂有一层薄薄的被称为硅烷的硅原子链分子。硅烷可阻止雨水附着在玻璃上，使驾驶员获得更清晰的视野。

碳原子和氢原子可以形成任意大小的分子，但有几种元素，如硅和硼也可以像碳一样成链，但长度要短得多。硅与硼的一些特性和碳类似。硅（Si）的最外层和碳一样都有4个电子。硅原子比碳原子大，它们与氢原子生成的键较弱，但依然可以形成类似烷烃的短链化合物，我们称之为硅烷。硅烷中只有甲硅烷（SiH_4）是非常稳定的。

硼（B）原子比碳原子略小，最外层有3个电子，因此只能同时形成3个化学键。硼原子和氢原子形成的化合物被称为硼烷，最简单的硼烷是乙硼烷（B_2H_6）。

562

分子量较大并带有支链的烷烃。烷基化过程中使用的催化剂是强酸。

煤

原油不是烃类的唯一来源。煤炭是一种岩石，是纯碳与烃类的混合物。煤炭常被用作燃料，也可以与矿砂反应用以制备纯金属。过去，煤炭是一种称为煤气的燃料来源，由于煤气有毒，现在已经被天然气取代。但在未来煤炭可能会成为生产石化产品的原料。

▲ 一名矿工在地下深处的矿井中挖掘煤炭。煤的主要成分是纯碳，但可以使用钴镍催化剂将其转化为有用的烃类。

化学在行动

石油泄漏

全世界每天会消耗超过8 500万桶石油，一桶石油的容积是42加仑（约合159升），这意味着人类每个小时就会烧掉约1.5亿加仑的石油！所有的这些石油都需要在炼油厂进行加工，而大部分石油通过油轮这样的巨型船舶运输，最大的油轮可以装载40万吨的石油。

当油轮漏油时会发生什么？泄漏的原油会在海面上形成一层"浮油"，有时候这层浮油还会着火燃烧。如果在海上用长长的围栏将这层浮油围起来，那么浮油就能被清理干净。但如果原油被冲刷到岸边或是河口，就会造成鱼类、鸟类和其他野生动物的死亡，并且原油的清理往往要持续数月。

▲ 1996年，一艘油轮在英国近海触礁造成原油泄漏。污染了河口，其清理过程长达一年。

4 碳 环

烃类不仅有链状的，还有环状的。许多环状的烃分子有着不同寻常的性质。

链状的烃分子中，碳原子和氢原子形成一个个金字塔形的结构，和金刚石的结构类似。但也有一些烃的结构更接近于石墨。石墨和金刚石一样是纯碳，但石墨中的碳原子形成的结构与金刚石中的金字塔形结构不同，它形成的是六边形。含有类似六边形结构的烃分子称为芳香烃。它们还有另一个名称，叫芳香族化合物，因为这一家族的很多化合物有强烈的气味。

苯

最简单的芳香烃是苯。苯分子中含有6个碳原子和6个氢原子，化学式

这种泡沫塑料片内部充满了空气，它的原料是聚苯乙烯。聚苯乙烯分子是由许多含有环状结构的分子聚合而成的。

是C_6H_6。苯分子中6个碳原子连接成1个六边形，每个碳原子又与1个氢原子结合。每个碳原子总共可以形成4个键，而苯分子中每个碳原子却只和3个原子成键，因此每个碳原子与一个相邻碳原子形成双键。最终，这个六边形分子通过单键和双键混合成键的方式稳定下来，两种键交替排列。

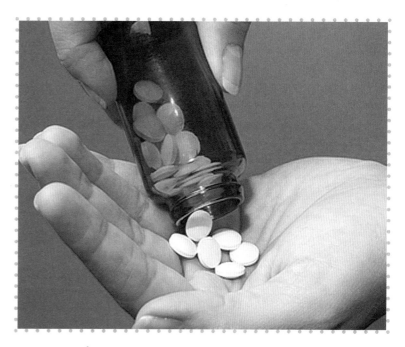

▲ 阿司匹林是我们常用的止痛药，它的化学名称是乙酰水杨酸，它的分子内含有一个六个碳原子的环，是一种芳香族化合物。

近距离观察

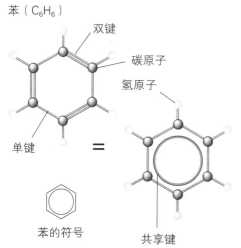

苯（C_6H_6）

双键

碳原子

氢原子

单键

＝

苯的符号

共享键

苯环

苯（C_6H_6）是最简单的芳香烃，它的6个碳原子通过3个单键和3个双键形成一个环。这些单键和双键的位置不是固定的，它们可以"互换位置"。因此分子的3个双键在所有6个碳原子之间共享。

◀ 苯的两种表示方式。

共享电子

苯分子中的化学键是共价键。原子之间通过共用电子的方式形成共价键。在苯分子中，当两个碳原子共用一对电子时，就形成一个单键。当两个原子间共用两对电子时，就形成了一个双键。然而双键中两对电子的状态是不同的。第一对电子形成化学键的方式和单键一样，但第二对电子结合形成的键就不如第一对电子的那么牢固，它们更容易打开并与其他原子

▶ 三个碳原子通过一个单键和一个双键结合。

▶ 单键和双键可以互换位置。

▶ 双键中的第二对电子离域，被所有原子共享。

双键

碳原子

单键

一对电子

两对电子

离域电子

单键

离域电子

近距离观察

芳香烃是指在分子中包含一个或多个苯环的化合物。芳香族化合物可以有碳原子侧链（即烷基）取代环上的一个氢原子，其他芳香烃分子含有两个或多个并合（稠合）起来的苯环。

▶ 一些简单的芳香烃

萘
$C_{10}H_8$

—CH_3（甲基）

二甲苯
C_6H_4（CH_3）$_2$

二甲苯的化学符号

甲苯
$C_6H_5CH_3$

萘的化学符号

甲苯的化学符号

成键。

在苯环中，每个碳原子都与两侧的两个碳原子形成一个单键和一个双键。由于碳原子连成一个环，因此它们都是一侧是单键而另一侧是双键的。

例如，如果一个碳原子的左侧有一个单键，而右侧有一个双键，那么分子中的所有其他碳原子将以相同的方式形成单键和双键。由于一对电子可以从碳原子的双键一侧移动到另一侧的单键上，使双键变成了单键，而单键变成了双键。结果是，这对电子就由这个碳原子两侧的键有效共享。

▶ 有些塑料（如图中的绳索）的原材料由环状烃（但不是芳香烃）制作而成。

◁ 左图表示苯分子双键中的电子是如何成为离域电子被所有原子共享的。

由于碳原子形成一个环，它们的双键因此融合成一个大的共享键。这个大的共享键中的电子被称为离域电子。它们不归属于任何一个键，而是在连接几个原子的键之间共享。在苯中，6个离域电子在碳原子环上方和下方很像甜甜圈的环形空间里游弋。

近距离观察

其他环

　　有些环状烃并不是芳香烃。这些烃中可能只含有单键，或者只有一个双键，并不像苯分子中含有离域电子。这样的环状烃称为脂环化合物，它们的化学性质与烷烃或烯烃类似。

环己烷（C_6H_{12}）　单键

双键

环己烯（C_6H_{10}）

▲ 两种脂环化合物

关键词

- **芳香烃**：闭链类的一种。分子中含有苯环基本结构的碳氢化合物。
- **芳香族**：芳烃化合物催化氧化得到的含有四个羧基官能团的芳香族有机化合物。
- **苯**：化学式为C_6H_6，主要由石脑油重整或煤焦油提取制得。
- **电子**：带一个单位负电荷的一种亚原子粒子。

化学在行动

爆破

　　我们非常熟悉也非常常见的一种炸药是芳香族化合物。许多人都听说过TNT，它是三硝基甲苯的英文缩写。它可用来制作炸弹，用于拆除旧建筑、炸开矿井中的岩石。

　　甲苯是一种芳香族化合物，它是一个连有甲基（—CH$_3$）的苯环。TNT分子是甲苯分子上又连接了3个硝基（—NO$_2$）。

　　TNT爆炸时的威力很大，但相对稳定，一般的加热或者放在潮湿环境下也不容易发生化学反应，因此是安全的。但如果用雷管将温度上升到约295℃，TNT就会发生化学反应。在该温度下TNT分子开始分解，硝基会相互反应生成气体并迅速膨胀，在空气中形成冲击波。这种冲击波可以使其波及范围内的一切固体物质损毁。

　　大爆炸的能量以千吨为单位。一个千吨级爆炸所释放的能量与1 000吨TNT爆炸的能量相当。

▶ 通过几次TNT爆破，这座桥的爆破拆除工作成功完成。在桥的不同位置分别放置少量的TNT然后同时起爆，桥被成功炸成许多小块，安全落入水中。

稳定分子

所有芳香族化合物都含有拥有离域电子的碳环。一些芳香族化合物是含有侧链的单环，另一些芳香族化合物则含有多个苯环稠合而成的结构。离域电子使苯和稠环芳烃比许多其他的烃更稳定。

化学家通过测量燃烧化合物生成的热量来计算分子中原子间成键的强度。常见的燃烧是化合物与氧气之间的反应。在反应过程中，化合物分解，其中的原子与氧原子结合。燃烧过程中释放的热量是旧分子分解并生成新分子后释放的能量。碳氢化合物越稳定，燃烧时释放的热量越少，这是因为打断分子中的强化学键所需要的能量更多。

化学家可以通过测量简单烷烃燃烧产生的热量计算两个碳原子之间单键的强度（又称键能），也可以通过燃烧烯烃测量双键的键能。

化学家将这些值相加，可以计算出3个单键和3个双键在苯环中的键能。

但在实验室进行燃烧实验后，化学家发现苯分子中的键能比理论值更大。这是因为离域电子在所有化学键中均匀共享，使这些键的强度更大。

历史沿革

苯的发现

迈克尔·法拉第（1791—1867）是历史上非常伟大的科学家，他发现了许多关于电和磁的性质。基于这些发现，他制造出了世界上第一台发电机和第一台电动机。然而很少有人知道，法拉第也是第一个发现苯的科学家。

法拉第1791年出生于伦敦郊外的一户人家。由于家境贫寒，法拉第时常忍饥挨饿且未能接受良好的教育。然而，法拉第14岁时便开始使用自制的电池做实验研究电学。

20岁时，法拉第成为科学家汉弗里·戴维（1778—1829）的学徒兼助理。这时的戴维已经有了许多发现和成果，他利用电学方法提纯了当时还不为人知的许多元素，包括金属钠和金属钾。1820年，法拉第与戴维分道扬镳。他先是学习化学，10年后又转而学习物理。1820年，法拉第首次制成了氯烃。1825年，他的笔记中提到一种液体，将其描述为"氢的重碳化合物"。数年后，德国化学家艾尔哈德·米切利希（1794—1863）从安息香树脂中提取出了同样的物质，将其正式命名为苯。

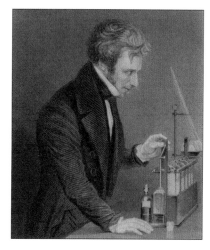

◀ 19世纪40年代，法拉第在自己的实验室里工作。这张画像绘制于法拉第发现苯的数年之后。

芳烃化学

离域电子的稳定性对苯及其他芳烃的反应方式有影响。拥有双键的烃分子一般比较活跃，容易发生化学反应使双键断裂并形成两个单键。例如烯烃和氢气反应生成烷烃。在这个反应中，烯烃的双键断裂，与氢原子形成单键，这种反应称作加成反应，因为氢原子被加到了烯烃分子上。

既然苯有3个双键，那么苯是不是也可以那样反应呢？不，苯和其他芳烃并不和氢气发生加成反应，离域电子能够阻止

▲ 农民正在田地里喷洒液体农药以杀死危害农作物的昆虫。许多农药都含有芳香族化合物。

化学在行动

偶氮染料

许多用于印染衣物的染料都是芳香族化合物，由于分子中含有被称为偶氮基团的片段，这些染料被称作偶氮染料。当烃的一部分通过两个氮（N）原子连接到另一部分时，就会形成偶氮基团。氮原子位于分子的两个部分之间，并通过双键相互连接。

偶氮基也可以在链状烃中形成，但这些化合物非常不稳定。但当偶氮基连上苯环以后就形成非常稳定的分子。此时氮原子的双键成为苯离域电子体系的一部分，这样分子就可以保持稳定。

许多偶氮化合物颜色很鲜艳，大多呈现出红色、橙色或黄色。偶氮染料的使用始于19世纪80年代，第一种偶氮染料被称为刚果红，然而包括刚果红在内的许多早期使用的偶氮染料已经被更加耐用的偶氮染料所替代。大部分偶氮染料都是有毒的，但有一些偶氮染料如柠檬黄是作为食用色素使用的。

▲ 纺织工人正在混合染料。如今使用的染料中约有一半是名为偶氮染料的芳香族化合物。

化学在行动

樟脑丸

　　我们常用"束之高阁"这个成语来比喻丢在一旁再也不管的事物。而在英语里也有类似的成语，其字面直译就是"放入樟脑丸"。人们使用这个词，意味着某些东西被储存了很长时间。这种表达源自人们有时将需长时间存放的衣服打包之前在里面添加樟脑丸的做法。樟脑丸的主要成分是萘，是一种芳香族化合物。萘的特殊气味可以阻止飞蛾在衣物上产卵，否则，虫卵长成的幼虫会在羊毛和棉质衣物上蛀出空洞。

▲ 衣蛾的幼虫以天然纤维为食物，并以此制造出茧皮。

分子中的双键断裂生成单键。但芳烃可以发生由一个原子或分子取代苯环上的一个氢原子的取代反应。它只有非常活泼的元素，比如卤族元素才能与苯发生这样的取代反应。

　　例如，氯气（Cl_2）可以与苯（C_6H_6）发生取代反应生成氯苯（C_6H_5Cl）和氯化氢（HCl）。这个反应的化学方程式：

$$C_6H_6 + Cl_2 \longrightarrow C_6H_5Cl + HCl$$

毒药与治病

　　苯和一些其他芳香烃毒性很大，即使食物或水中只含有微量的苯也足以使人生病，苯会损害机体的免疫系统和神经并导致癌症。许多杀虫剂是芳香族化合物，但许多救命药和止痛药也是芳香族化合物。

▼ 下图是富勒烯的分子模型，富勒烯是一种纯碳，可存在于烟灰中。与苯和其他芳香烃一样，富勒烯也含有离域电子。

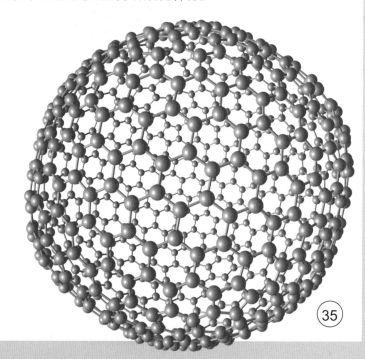

5 醇和酸

不是所有的有机化合物都是碳氢化合物（烃）。许多有机化合物含有其他元素的原子。氧是有机化合物中常见的元素，这些化合物包括醇和有机酸（例如醋酸）。

烃是只含有碳原子和氢原子的化合物。我们已经知道，烃类中碳原子和氢原子间的化学键比较强，很难断裂，因此烃的反应活性不是很高。但当其他原子加入进来，化合物就变得更具反应性。这是因为碳原子和其

图中是几杯红葡萄酒和白葡萄酒。葡萄酒是一种由葡萄汁制作而成的酒精饮料。葡萄汁中的糖与氧气反应生成酒精。

近距离观察

醇类

当含有氧和氢原子的羟基（—OH）连接到烃链时，它会形成一种叫醇的化合物。醇的命名也是依据分子中的碳原子数，通常以"醇"结尾。

▶ 三种简单的醇类化合物

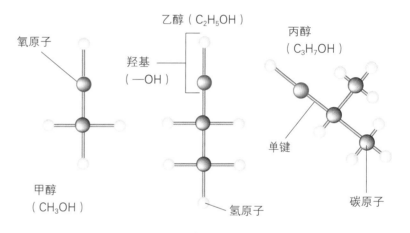

甲醇（CH_3OH）

乙醇（C_2H_5OH）

丙醇（C_3H_7OH）

氧原子

羟基（—OH）

单键

氢原子

碳原子

他原子间的化学键相比碳-氢键要弱很多，因此更容易断裂并参与反应。

有机分子中含有一个非碳或氢原子的部分称为官能团。官能团的结构决定了该化合物是如何与其他化学物质反应的。

加入氧原子

氧在有机化合物中参与形成多种官能团。一个氧原子可以与其他原子形成两个化学键。例如，水是氢和氧的化合物，每一个水分子中，都有一个氧原子连接两个氢原子，因此水的化学式是H_2O。

试想一下，如果H_2O中的一个氢原子被一个烃分子上的碳原子取代，这个分子就有了一个氧-氢结构（—OH）附在其上，这个—OH结构是一种称为羟基的官能团。具有羟基的有机链状化合物属于醇类化合物，羟基连接在芳香烃上形成的是酚类化合物。

关键词

- **官能团**：一个原子或一组原子。当其存在于不同的化合物中时，仍能显示出相类似的化学性质。

制造醇

醇类是我们非常熟悉的有机化合物，它们不仅存在于自然界，人类制醇也有数千年历史。最常见的醇是乙醇（C_2H_5OH），由于它可以由谷物和水果中的糖通过一系列称为发酵的反应而制得，因此乙醇也被称为谷物酒精。发酵反应涉及糖与氧气的作用，在自然界中也会发生，常用于制造酒精饮料。

另一种常见的醇是甲醇（CH_3OH）。由于它可以通过加热木材制得，因此也被称为木醇。将木材隔绝空气加热，就可以生成甲醇蒸气。甲醇和所有醇类一样都是有毒的。虽然人体可以少量摄取乙醇，但大量摄入乙醇同样可以致命。大部分简单醇作为溶剂使用。分子中含有两个羟基的醇称为二醇。有些醇含有更多

关键词

- **发酵**：利用特定的微生物，控制适宜的工艺条件，生产人们所需的产品或达到某些特定目的的过程。
- **羟基**：分子式为"OH"，原子数为2。

化学 在行动

发酵

葡萄酒和啤酒这样的酒精饮料是通过发酵这一自然过程制成的。乙醇（C_2H_5OH）是通过发酵一种叫作葡萄糖（$C_6H_{12}O_6$）的糖产生的。发酵反应中还会产生二氧化碳。发酵发生在活细胞内，反应释放能量。这个反应的化学方程式是：

$$C_6H_{12}O_6 \xrightarrow{\text{酵母菌}} 2C_2H_5OH + 2CO_2 \uparrow$$

葡萄酒和啤酒中的酒精由酵母菌发酵而来。葡萄酒中的糖来自葡萄，而啤酒中的糖来自谷物。酵母菌将糖转化为乙醇直到酒精含量高到无法继续存活为止。因此，通过发酵制成的酒精饮料中乙醇含量不超过约12%。烈性酒精饮料如威士忌是通过纯化乙醇而得到的。

◀ 啤酒是通过发酵谷物和啤酒花制成的。

近距离观察

同分异构体

含有3个或3个以上碳原子的醇都会有同分异构体。同分异构体指的是那些含有相同的原子，但排列组合方式不同的分子。同分异构体的分子式相同，但它们的分子形状不同。

不同的分子形状可能产生不同的官能团，从而影响分子的化学性质。例如，C_3H_8O 有三种同分异构体，其中两种含有羟基的化合物是丙醇的同分异构体。这两种化合物分别叫作1-丙醇和2-丙醇（也称外用酒精）。丙醇前面的数字告诉我们羟基连接到哪个碳原子上。第三种异构体不是醇，这种化合物分子中，氧原子不构成羟基，而是与两个碳原子相连，含有这种官能团的分子称为醚，这种醚叫甲氧基乙烷。醚的化学性质和醇完全不同。

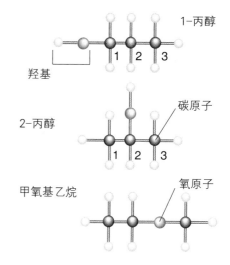

▲ C_3H_8O 的三种同分异构体，我们用数字1～3标明碳原子的位置。

的羟基，例如，甘油 $[C_3H_5(OH)_3]$ 含有三个羟基。

电荷不均

氧原子非常活泼，它吸引电子的能力比大多数其他元素的原子强。醇类分子中的氧原子能够吸引相邻的碳原子和氢原子中的电子，使氧原子略带负电，而相邻的氢原子略带正电。正负电荷相互吸引，因此一个醇分子上的氢原子被另一个醇分子中的氧原子所吸引，分子之间形成了一个被称为氢键的弱键。

▶ 纯酒精是通过蒸馏制得的。蒸馏过程中，含有酒精的混合物会被加热至沸腾，然后其蒸气通过水冷凝器转变回液体。

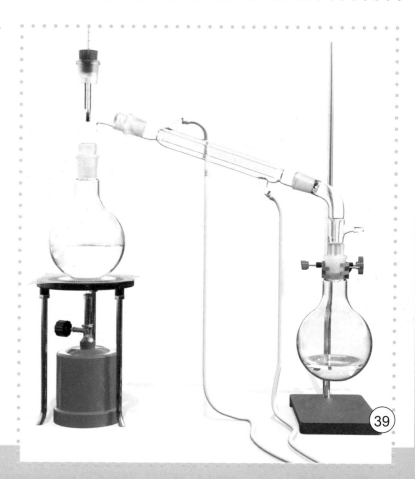

近距离观察

酚

当苯环连上一个羟基（—OH）后，就形成了一种特殊的醇，我们称它为酚。最简单的酚是苯酚。在苯环中，一部分电子会均匀分布在分子周围，这使羟基在酚中的表现与在醇中不同。在酚分子中，苯环上游离电子的"势力范围"扩大，把氧原子也纳入其中并牢牢结合，这使得羟基上的氧原子和氢原子之间的化学键很容易断裂并生成两种离子：氢离子（H^+）和 $C_6H_5O^-$ 离子。以这种方式解离的化合物被称为酸。酚是弱酸。

▲ 许多食物中都含有酚，苯酚溶于水生成一种酸叫作石炭酸。

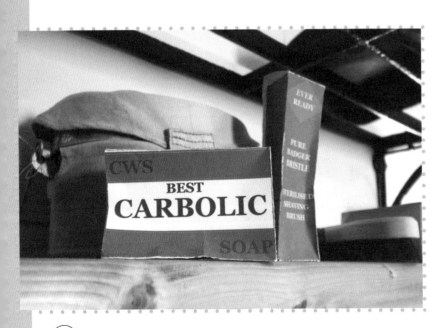

许多含有氧的化合物都可以形成氢键，比如水。氢键将醇分子更牢固地结合在一起，因此，醇的沸点要高于不含氧的烃。

沸点是液体中的分子相互解离变成气体的温度。甲醇和乙醇在一般条件下都是液体，如果它们的分子之间没有氢键，这些醇将是气体。带负电荷的氧原子也会影响醇的反应方式。例如，它们能与氧反应

◀ 当苯酚与水混合时，就会成为石炭酸。过去苯酚会被添加入肥皂用于杀菌。

化学在行动

消毒

如今，外科医生的手术室都极为干净。任何人要想走进手术室，都必须彻底清洁自己并穿上防护服。手术中如有任何细小的污垢进入患者体内，患者都很有可能因此患上重病而死亡。这是因为污垢中含有的细菌可以感染人体并致病。然而150年前，人们并不了解这些风险。许多人在手术后死亡并不是因为手术本身，而是因为感染。1865年，英国外科医生约瑟夫·李斯特（1827—1912）开始使用石炭酸（苯酚的水溶液）为手术室进行无菌化处理（即杀菌）。苯酚的酸性足以杀死细菌，但它相对温和，不会对患者造成伤害。李斯特的理念所引导的手术方式一直沿用至今。

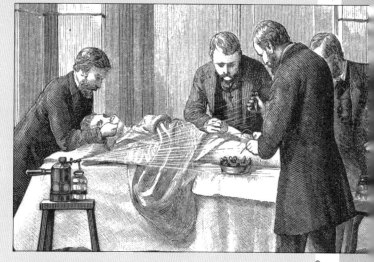

▲ 1865年，约瑟夫·李斯特正在做术前准备。他的助手会在患者上方喷洒石炭酸（苯酚水溶液）杀菌，以避免可能出现的感染风险。

生成醛和酮类化合物。醇还能与氧反应生成羧酸。

羧酸

羧酸含有两个官能团，一个是同样在醇和酚中出现的羟基（—OH），另一个称作羰基（—CO），在这个官能团中，一个氧原子与一个碳原子通过双键相连。在一个羧酸分子中，这两个官能团都连接到相同的碳原子上，一起构成羧基（—COOH）。

▶ 青柠（也称酸橙）的果汁含有柠檬酸。柠檬酸是一种羧酸。柠檬酸给青柠和类似青柠的水果带来刺激的酸味。

近距离观察

羧酸

羧酸是有机酸家族中的主要成员。它们的分子中含有由羟基（—OH）和羰基（—CO）组合而成的羧基，有的羧酸含有多个羧基。羧酸可以解离成离子，氢离子（H$^+$）从分子中脱离，剩余部分则成为带负电的羧酸根离子。例如，甲酸可以生成甲酸根离子（HCOO$^-$）。

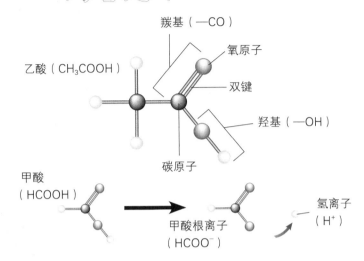

乙酸（CH$_3$COOH）

羰基（—CO）

氧原子

双键

羟基（—OH）

碳原子

甲酸（HCOOH）

甲酸根离子（HCOO$^-$）

氢离子（H$^+$）

常见的酸

羧酸的命名方式与醇和其他有机化合物一样，都根据分子中的碳原子数来命名，并以"酸"结尾。不过，有很多羧酸出现在食物中或是自然界中随处存在，多年来人们也会称呼其别名。例如，醋中含有乙酸（CH$_3$COOH），因此乙酸也称为醋酸，甲酸（HCOOH）也称为蚁酸。

自然界中还存在其他各种羧酸。例如，柠檬、橙子等柑橘类水果中含有柠檬酸。肌肉在高强度工作时会产生乳酸，乳酸会和肌肉中的其他化合物发生反应，使肌肉产生酸痛感和疲劳感。长链的羧酸分子称为脂肪酸，存在于牛奶、油和脂肪中。例如，椰奶中含有月桂酸。

羧酸的化学反应

醇与氧气反应可以生成羧酸。在自然

▼ 火蚂蚁体内含有甲酸（HCOOH），被它蜇伤的皮肤会因甲酸的刺激而产生水泡和疼痛感。

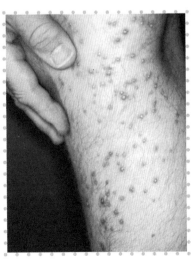

化学在行动

腌制

经过腌制的食物可以长时间储存。食物可以用醋（含有乙酸）或烈性酒（含有乙醇）进行腌制。食物如果沾上细菌就会变质腐败，而醋中的乙酸可以抑制细菌的生长。醋还能渗入食物内部，赋予食物浓郁的风味。而用酒浸泡也会使食物增添别样的风味。然而，酒浸泡保存食物要归功于细菌，因为细菌将乙醇转化得到的乙酸也有杀菌效果，可阻止食物腐败。

▶ 右图是一瓶用盐和醋腌制保存的酸黄瓜。

界，将糖转化为乙醇（C_2H_5OH）的发酵过程中也会产生乙酸。我们已经知道，酵母菌虽然能制造乙醇，但化学反应并不止于此。如果乙醇暴露在空气中，混入乙醇中的细菌就会将乙醇转化为乙酸。这一反应的化学方程式是：

$$C_2H_5OH + O_2 \longrightarrow CH_3COOH + H_2O$$

这也是为什么葡萄酒和其他酒精饮品在开封过久的情况下会出现酸味，因为酒正在慢慢变成醋！

带有正电荷的氢离子（H^+）能从羧酸分子中电离出来，这是羧酸被归入酸类的原因。由于能产生氢离子，羧酸的化学性质比较活泼，它可以与其他化合物反应生成盐。羧酸失去氢离子后，剩余的部分就变成了带负电荷的羧酸根离子。在反应中，羧酸根离子最终形成盐，称为"某酸某盐"。例如，乙酸（CH_3COOH）和氢氧化钙［$Ca(OH)_2$］发生反应生成乙酸钙［$Ca(CH_3COO)_2$］和水（H_2O）。这个反应的化学方程式是：

$$2CH_3COOH + Ca(OH)_2 \longrightarrow$$
$$Ca(CH_3COO)_2 + H_2O$$

关键词

- **酸**：在水溶液中能电离出氢离子（H^+）的化合物。
- **羧基**：由碳和氧两种原子通过双键连接而成的有机官能团（C=O）。
- **离子**：原子或原子团得失电子后形成的带电微粒。

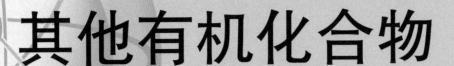

6 其他有机化合物

官能团的种类很多，不同的官能团赋予了化合物不同的性质。除氧原子外，有的官能团还含有其他元素的原子。

有机化合物种类很多。化合物指由两种或多种元素的原子构成的物质。有机化合物主要由碳元素和氢元素组成。只含有碳元素和氢元素的化合物称为碳氢化合物或烃。但很多有机化合物分子中还含有其

自然界的许多气味比如花香都是由有机化合物产生的。含有氧的化合物常常闻起来令人愉悦，而不太好闻的味道则常常来自含有氮或硫的化合物。

他元素的原子，当这些原子与碳氢化合物结合时形成官能团。官能团影响着化合物的性质。有机化合物根据其官能团进行分类。官能团的种类有很多，本章介绍一些含有氧（O）、氮（N）、硫（S）和氯（Cl）原子的官能团。

酸和醇的结合

我们已经知道，醇和羧酸都是自然界中常见的有机化合物，它们都含有带有氧原子的官能团。当醇和羧酸发生化学反应时，它们能生成一种称作酯的化合物。酯是醇的官能团和羧酸的官能团发生化学反应的产物。

近距离观察

酯

醇与羧酸反应生成的产物称作酯。酯分子有两部分，一部分来自醇，另一部分来自羧酸，两个部分通过一个氧原子相连接。来自羧酸的那部分含有羰基（—CO）。

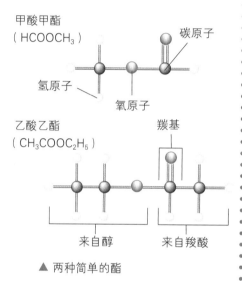

甲酸甲酯（HCOOCH₃）

碳原子
氢原子
氧原子

乙酸乙酯（CH₃COOC₂H₅）

羰基

来自醇　　　来自羧酸

▲ 两种简单的酯

▼ 菠萝的香气来自一种名为丁酸乙酯的化合物。

醇含有氢原子和氧原子构成的羟基，羧酸在含有羟基的同时也含有一个羰基，羰基是一个氧原子通过双键与碳原子相连而构成的。为了形成酯，醇会失去羟基上的氢原子，留下的氧原子和羧酸羰基上的碳原子结合，酸则失去它的羟基，羟基和氢原子互相结合生成水（H_2O）。像所有有机化合物一样，酯是根据其碳原子数来命名的。最简单的酯是甲酸甲酯（$HCOOCH_3$），它是由甲醇（CH_3OH）和甲酸（$HCOOH$）反应而生成的。这个反应的化学方程式是：

化学在行动

从脂肪到肥皂

　　植物油和动物脂肪是复杂的酯类化合物，称之为甘油三酯。甘油三酯是由三个大分子羧酸与一个称为甘油的醇结合而成的。脂肪和油中的羧酸是长链分子，称为脂肪酸。

　　肥皂就是用甘油三酯制成的。在甘油三酯中加入强碱，如氢氧化钠（NaOH），可以使一个甘油三酯分子分解成一个甘油分子和三个脂肪酸分子，氢氧化钠与脂肪酸反应生成化合物，这些化合物是蜡状固体。将其过滤、干燥，然后加入香料和着色剂，最后再压制，就制成条状的肥皂。

▲ 肥皂是由脂肪和油中的酯类化合物制成的。

$$HCOOH + CH_3OH \xrightarrow{\text{一定条件}}$$
$$HCOOCH_3 + H_2O$$

　　由于酯分子由两部分构成，因此酯的名称也由两部分组成。甲酸甲酯的一个部分来自甲醇，它失去了一个氢原子，成为酯的甲氧基部分；来自甲酸的部分则失去了它的羟基，由此产生的部分称为甲酸酯基。

▼ 许多强烈的气味都是由酯带来的。比如这串香蕉的特殊气味就来自乙酸异戊酯。

　　大分子酯类化合物是油状液体和蜡状固体，不容易挥发。一些动物脂肪和植物油是较为复杂的酯类。这种酯分子是由三个羧酸分子与一个丙三醇分子结合而成的。丙三醇分子含有三个羟基（—OH），每个羟基都能独立与一个大分子羧酸（脂肪酸）形成酯。

气味和油脂

　　大部分小分子酯类化合物是液体，这些液体很容易挥发（转变为气态），且许多都有着独特的气味。例如，香蕉的气味是乙酸异戊酯。糖果中使用的许多人造香料都是酯类，香水中也会添加酯类。

近距离观察

醛

有两种类型的化合物仅以羰基作为官能团。醛的分子末端含有这种羰基，而酮分子的中间含有羰基。羰基由一个碳原子通过双键与一个氧原子连接而成，它是一个非常活泼的官能团。

羰基

甲醛（CH_2O）

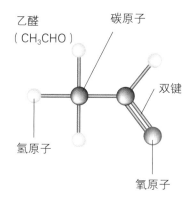

乙醛
（CH_3CHO）

碳原子

双键

氢原子

氧原子

▲ 两种简单的醛。

脂肪酸可以是饱和的或是不饱和的，饱和脂肪酸中只含有单键，而不饱和脂肪酸中含有一个或多个双键。大部分动物脂肪是饱和脂肪酸，许多植物油是不饱和脂肪酸。

醛和酮

有两类有机化合物拥有一个羰基（—CO）作为其官能团，它们是醛和酮。这两类化合物相似程度很高，但结构不同。醛的羰基在分子的末端，而酮的羰基在分子中间。由于结构差异，它们的反应性有所不同，因此这些化合物被分为两类不同的化合物。

醛和酮的命名同样基于分子中的碳原子数。醛的名称以"醛"结尾，而酮的名称以"酮"结尾。最简单的醛是甲醛。最简单的酮是丙酮。

▲ 上图是保存在甲醛中的动物标本。甲醛是一种醛，可以防止标本腐坏。

关键词

- **醛**：由烃基和醛基组成的有机物。
- **酯**：酸分子中能电离的氢原子被烃基取代而成的有机物。
- **挥发**：凝聚态物质自由散发为气态物质的过程。多指有机物的自由散发。

物理性质

　　甲醛是一种易挥发的液体。挥发性物质是指容易转变为气体的物质。甲醛的沸点只有21℃，接近室温。在炎热的天气里，甲醛很容易挥发殆尽。甲醛有着刺鼻难闻的气味。丙酮也是液体，它的沸点为56℃，和其他酮类一样，丙酮略带甜味。

▲　液态的酮比如丙酮常用作溶解其他物质的溶剂。例如，指甲油是防水的，无法用水洗掉。指甲油去除液中含有丙酮，可以溶解指甲油并将其洗去。

近距离观察

酮

　　最简单的酮有三个碳原子，这是因为酮的羰基必须位于分子中间。除丙酮外，其他酮的名称中一般都含有数字以标明羰基碳的所在位置。

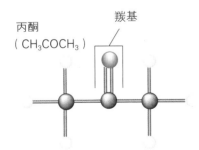

丙酮
（CH_3COCH_3）

羰基

▲ 丙酮分子。

羰基化学

　　醛和酮比大多数有机化合物都要活泼，其原因在于含有羰基。化合物中与氧连接的双键很容易断裂形成两个单键。氧原子将电子从碳原子上吸引过来，使得自身略带负电荷，其他分子则被这种电荷所吸引，这就是醛和酮分子中氧原子更容易参与反应的原因。

关键词

● **沸点**：液体开始沸腾的温度。

● **酮**：羰基上连接2个烃基的有机物。

● **醚**：2个烃基通过1个氧原子连接而成的有机物。

● **挥发性**：是指液态物质在低于沸点的温度条件下转变成气态的能力，以及一些气体溶质从溶液中逸出的能力。

相同碳原子数的醛比酮更活泼，这是因为它的羰基暴露于分子的末端，只和一个碳原子和一个氢原子相连，电子更靠近氧原子。在酮分子中，羰基与两个碳原子结合，这些较大的原子阻止了氧原子将电子拉得更近。因此，醛分子中的氧原子比酮分子中的氧原子带更强的负电，因而更容易发生反应。

醛、酮是醇和羧酸的中间状态，醇可以通过失去两个氢原子变成醛或酮。例如，甲醇（CH_3OH）可以通过以下反应变为甲醛（CH_2O）：

$$CH_3OH \xrightarrow{\text{一定条件}} CH_2O + H_2$$

而通过加氧可将甲醛转化为甲酸（$HCOOH$）。该反应如下：

$$2CH_2O + O_2 \xrightarrow{\text{一定条件}} 2HCOOH$$

醚

由一个氧原子连接两个烷基形成的有机化合物称为醚。醚可由两个醇分子反应而得。在反应中，两个醇分子失去两个氢原子和一个氧原子生成一分子水。由于反应中两个醇分子的结合需要脱去一分子水，这样的反应称为脱水反应。

化学在行动

香水的制作

一些我们熟悉的气味来自酮类化合物。例如，奶酪的味道来自复合的酮。麝香是一种芳香酮，它用于制造昂贵的香水，其香味来自麝香酮。麝香用于制造香水，是因为许多其他香气物质，例如酯类，可以很容易地与之混合并产生令人愉悦的气味。天然麝香是由一种小型鹿类动物麝的腺体分泌的。多年来，人们猎杀麝只为取得它的麝香腺。如今，麝被归入濒危物种，因此现在使用的麝香酮大都是在实验室合成的。

▲ 麝香来自雄麝腹部的腺体，雄麝用它来标记领地。麝有时会因为麝香而被猎杀。

▶ 许多香水中都含有麝香和其他芳香性化学物质。

▲ 甲氧基甲烷被用作气雾罐中的喷雾剂。

最简单的醚是甲氧基甲烷（CH_3OCH_3）。分子根据氧原子两侧的两个部分来命名，甲氧基甲烷是两个甲醇（CH_3OH）分子通过脱水反应得到的，该反应的化学方程式是：

$$CH_3OH + CH_3OH \xrightarrow{\text{一定条件}} CH_3OCH_3 + H_2O$$

由于氧原子与两个碳原子紧密结合，醚的反应性不是很强。不过，人类使用的第一种麻醉剂就是乙氧基乙烷（$C_2H_5OC_2H_5$）。

醚

醚分子由一个氧原子连接两个部分构成，根据氧原子两边的部分为醚分子命名。

名称的后半部分与分子中最大部分的大小和结构有关，这部分采用其对应碳氢化合物的名称，例如，该部分若有两个碳原子，则称为乙烷。较小部分的名称也基于其碳原子数，然后添加一个"氧"以表明它通过氧原子连接到较大的部分。

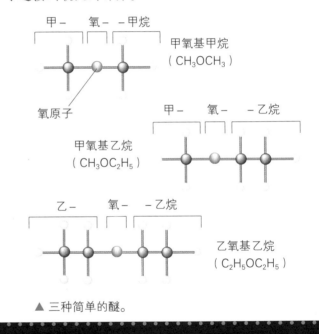

甲－ 氧－ －甲烷

甲氧基甲烷
（CH_3OCH_3）

氧原子

甲－ 氧－ －乙烷

甲氧基乙烷
（$CH_3OC_2H_5$）

乙－ 氧－ －乙烷

乙氧基乙烷
（$C_2H_5OC_2H_5$）

▲ 三种简单的醚。

▶ 茴香的味道来自一种叫茴香脑的混合醚。茴香和甘草的香气中也含有茴香脑。

化学在行动

难闻的硫化物

硫与氧处于元素周期表中的同一族，因此，这两种元素具有相似的性质。硫原子和氧原子一样可以形成两个键，硫形成的有机物在结构上与氧形成的有机物相似。例如，硫醇相当于醇，但硫醇没有—OH基团，而是具有—SH基团。

硫醇有臭鸡蛋的气味。例如，臭鼬（右图）可以产生硫醇用以击退敌人。家用天然气中也含有微量的乙硫醇使其具有独特的气味，以警示燃气泄漏。

近距离观察

氮族

含有一个氮原子（N）的有机化合物称为胺。氮原子可以形成三个键，在胺分子中它们都是单键。胺分子分为三个部分，氮原子处于分子的中心。

在一个简单的胺中，其中两个部分可能只由氢原子构成，但至少有一个部分是烷基。烷基是烃的一部分，它或是另一个分子的支链，或是连接在一个官能团上。例如，最简单的烷基是甲基（—CH$_3$），因此最简单的胺称为甲胺（CH$_3$NH$_2$）。

氮原子也可以与两个烷基结合，例如，一个甲基和一个乙基（—C$_2$H$_5$）。在这种情况下，烷基按"较小者优先"原则命名，因此该分子命名为甲基乙胺。当胺

▼ 鱼的特殊腥味来自三甲胺。

胺

含有一个氮原子（N）的有机化合物称为胺。胺的化学性质类似于氨（NH$_3$）。胺是氨分子中至少有一个氢原子被烷基取代所形成的化合物。胺很活泼，常被用于制作染料。

甲胺
（CH$_3$NH$_2$）
氮原子

▲ 一个甲胺分子，它是最简单的胺。

有两个甲基时，称为二甲胺；当有三个甲基时，则称为三甲胺。

有机卤化物

卤族元素是一组反应性很强的元素，包括氟（F）、氯（Cl）和溴（Br）等。这些元素形成的化合物称为有机卤化物。在有机卤化物中，一个或多个卤素原子取代氢原子与碳原子相连接，在一些有机卤化物中甚至不存在氢原子。

有机卤化物以其含有的卤族元素进行命名。例如溴代烷中含有溴原子，而氯氟烷中含有氯原子和氟原子。在许多方面，有机卤化物与碳氢化合物的性质非常相似。它们的熔点和沸点比相应的碳氢化合物要略高，这是因为卤素原子比氢原子重得多，因此分子需要更高的温度才能液化和汽化。

关键词

- **烷基**：烷烃的任何1个碳原子上失去1个氢原子形成的一价原子团。
- **胺**：氨分子中的一个或多个氢原子被烃基取代后的有机物。
- **卤化物**：卤素与其他元素形成的化合物（通常卤素表现负价）。

近距离观察

氯甲烷

一个碳原子可以结合1～4个氯原子，从而形成四种氯甲烷化合物。一氯甲烷（CH_3Cl）含有一个氯原子，它是一种有毒气体。二氯甲烷（CH_2Cl_2）含有两个氯原子，它是一种无色液体，常用作杀虫剂。三氯甲烷（$CHCl_3$）俗称氯仿，也是最早被使用的麻醉剂之一。四氯甲烷（即四氯化碳，CCl_4）含有四个氯原子而没有氢原子，它是干洗剂的主要成分。

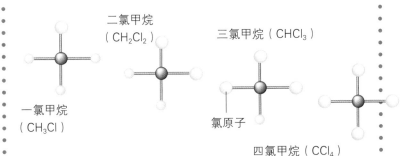

二氯甲烷（CH_2Cl_2）
三氯甲烷（$CHCl_3$）
一氯甲烷（CH_3Cl）
氯原子
四氯甲烷（CCl_4）

▲ 四种氯甲烷分子。

有机卤化物十分稳定。氟是最活泼的非金属元素，其他卤族元素也都很活泼，它们与碳原子形成的化学键十分牢固，因此有机卤化物不易分解。很长一段时间里，化学家们都认为在一般条件下有机卤化物很难发生化学反应。人们向大气中排放了大量的有机卤化物。然而我们现在已经知道，这些化学物质对环境具有很强的破坏性。

化学在行动

臭氧的减少

有一组有机卤化物称为氯氟化碳，英文缩写为 CFC。CFC 化合物中含有与碳链连接的氟（F）原子和氯（Cl）原子。由于碳-氟键和碳-氯键很强，因此 CFC 是很稳定的化合物，一般情况下不会发生化学反应。排放到空气中的 CFC 也能够长久存在而不发生变化。

在 20 世纪，CFC 气体得到了广泛应用，它们被用作冰箱的制冷剂或是气雾罐中的喷雾剂。当时化学家们认为释放到大气中的 CFC 不会造成任何问题。然而 1974 年，墨西哥化学家马里奥·莫利纳（1943—2020）发现释放到空气中的 CFC 正在与大气层中的臭氧发生反应。臭氧是氧的一种同素异形体，氧气分子（O_2）有两个氧原子，而臭氧分子（O_3）中则含有三个氧原子且不稳定。

位于大气层高处的臭氧层可以过滤来自太阳的有害辐射，然而 CFC 却正在破坏臭氧层，使有害辐射能畅通无阻地穿透大气层。1987 年，CFC 在全球范围内被禁止使用，臭氧层也逐渐得到修复。如今，CFC 已经被其他有机化合物取代，比如，现在的气雾罐中使用的是甲氧基甲烷。

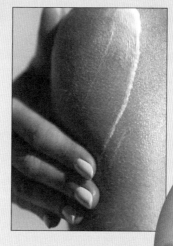

◀ 一个女孩正在涂抹防晒霜。大气中的臭氧含量降低意味着人们更容易被晒伤。

▶ 这是卫星拍摄的臭氧层空洞（紫色）的照片。该图经过染色标明臭氧浓度，红色表明臭氧浓度升高，紫色表明臭氧浓度降低。

▲ 含有 CFC 的老式冰箱必须进行除气处理。

7 聚合物

聚合物是由小分子化合物制成的长链化合物。聚合物存在于自然界中，也可以由石化产品制成，用于制造塑料和服装。

世界上碳氢化合物（烃）的主要来源是石油或原油。原油中约90%的碳氢化合物被转化为汽油和其他燃料。那么其余的呢？其中大部分被转化为被称为聚合物的化合物。聚合物种类多样又非常有用，从战斗机到煎锅的所有领域都有它的身影。

塑料球由聚合物制作而成。聚合物可以被塑造成各种各样的形状并用来代替几乎所有类型的天然材料，比如木头、石材、玻璃、陶瓷和金属。

近距离观察

单体

聚合物是由称为单体的较小分子形成的链。聚合物可以仅由同一种类型的单体组成，这样的聚合物称为均聚物（也称同聚物）。其他聚合物由两种或两种以上的单体交替结合而成，这样的聚合物称为共聚物。

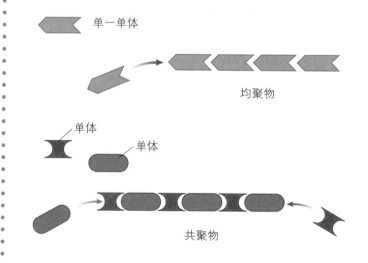

单一单体

均聚物

单体

单体

共聚物

分子链

聚合物分子是由许多小分子聚合成链而形成的大分子。每个小分子称为单体。"单"是"单个"的意思，而"聚"是"许多"的意思。所以，聚合物中含有很多的单体。单体形成聚合物需要经过聚合反应。

不同种类的聚合物

聚合物种类繁多。有的聚合物存在于自然界中，但大部分聚合物都是用石化产品制造的。许多聚合物被称为塑料，它们可以被塑造成各种形状。还有许多聚合物被称为橡胶。橡胶是有弹性的，很容易弯曲变形，但也总能恢复原状。聚合物的性质取决于其单体的性质和成链方式。

▶ 聚合物在我们的生活中无处不在。例如，在这个购物车中，纸板和塑料包装都是聚合物制成的。食物本身也含有聚合物，就连这个购物车的车轮也是聚合物制成的。

制造聚合物

单体可以通过一系列聚合反应生成聚合物。含有双键的单体，如烯烃可以通过加成反应聚合。反应中，烯烃的双键断裂并形成新的单键。以这种方式制造的最简单的聚合物是聚乙烯，这种聚合物的单体是乙烯（C_2H_4）。乙烯分子中，两个碳原子通过双键连接，在聚合反应过程中，双键发生断裂，每个碳原子与另外两个碳原子及两个氢原子成键以构成长链。

聚乙烯可以是长直链状的或是支链网状的。直链聚乙烯制成的材料坚硬有刚性，而网状聚乙烯制成的材料更加柔韧。

▲ 这是一个杜仲胶制成的老式高尔夫球。杜仲胶是由树汁制成的天然橡胶。

化学
在行动

自然界中的聚合物

自然界中，聚合物无处不在。例如树干是由纤维素这种聚合物构成的，纤维素是单糖的链状聚合物。淀粉则是单糖的另一种聚合物。淀粉质地柔软，是面包、土豆、米饭等食物的主要成分。

甚至基因，这种控制生物如何生长的编码，也是一种聚合物。这种聚合物称为脱氧核糖核酸（DNA），它由四种单体构成。每个基因都由这些单体的独特组合进行编码。

橡胶也是一种天然聚合物。它来自橡胶树的乳胶，一种乳白色的黏性汁液。向乳胶中加入酸和盐可以将乳胶中的固态物质从液体中分离出来，由此得到的生橡胶十分黏稠，像比萨上的奶酪丝。通过被称为硫化的过程可使橡胶变得更加强韧。

◀ 乳胶从橡胶树上采集而得。如今，很多由乳胶制成的橡胶制品已经被由碳氢化合物制成的合成橡胶所替代。

化学在行动

什么是塑料？

在本章中讨论的大部分聚合物都被用于制作塑料。塑料可制成任何形状，是十分有用的材料。塑料的英语单词源自希腊语单词"模具"，反映出其可塑性。与其他材料相比，塑料具有许多优势。例如，塑料不会像金属那样易锈蚀；塑料柔韧性强，不会像玻璃一样一摔即碎；与木材相比，塑料能够防水；塑料不带电，是良好的绝缘体。电缆外层以塑料涂覆，用以保证使用者的安全。

一些类似橡胶的天然聚合物可以被制成塑料，但塑料的的确确是人造材料。19世纪末，人们制造出了第一批塑料，但当时的塑料非常易碎，造价又很高，因此没有得到广泛应用。如今，塑料变得十分价廉，被用于从航天器到购物袋的很多领域。

塑料一般分为两种：热塑性塑料和热固性塑料。热塑性塑料在加热时会变得更柔软、更易成型，直至最终熔化被重新塑造成任何形状。聚乙烯和聚氯乙烯都是热塑性塑料。

而热固性塑料则和热塑性塑料相反，加热后会变硬且不会熔化。因此热固性塑料被用作制造那些需要在高温下保持刚性的物品。聚酯和橡胶都是热固性塑料。

现代聚合物与传统材料的对比

应用场景	聚合物	传统材料	聚合物的优势
模塑部件	聚丙烯	金属	聚丙烯的强度和金属类似，但比金属轻得多，它也可以在较低的温度下成型
瓶子	PET（聚对苯二甲酸乙二醇酯）	玻璃	PET比玻璃轻得多，掉落时也不会摔碎
窗户	聚碳酸酯	玻璃	聚碳酸酯窗户不会破碎，但它比玻璃更易被划伤
颜料	丙烯颜料（俗称亚克力颜料）	油画颜料	丙烯颜料的气味不如油画颜料强烈，干燥后也不会开裂
衣物与面料	尼龙	棉和羊毛	尼龙更耐热、耐洗，可织成巨大的片状面料

化学
在行动

人造纤维

　　我们穿的衣物是由各种纤维纺织而成的。数千年来，人们使用由天然聚合物制成的纤维。例如，羊毛来自山羊或绵羊的皮毛，而棉纤维则由包裹在棉花种子外面的绒毛制成。这些天然纤维通常很短，需要将它们纺织成足够长的纱线才能用来编织衣物。

　　到了19世纪末期，化学家们寻找到了用更长的聚合物制造更强韧的纤维的方法。第一种人造纤维是由纤维素制成的，纤维素是木材中的聚合物。由纤维素制成的织物称为人造丝。20世纪30年代，美国化学家华莱士·卡罗瑟斯（1896—1937）发明了尼龙。尼龙是一种由胺制成的全新聚合物。尼龙已成为最常见的人工合成纤维，从丝质床单到毛刷的刷毛，都有尼龙的身影。

▲ 上图是人工合成纤维尼龙，尼龙是一种由胺制成的聚合物。

聚合物的命名

　　通过加成反应制成的聚合物还有聚丙烯和聚苯乙烯等。它们的命名是在单体名称之前加上"聚"字。其他聚合物的英文名称太长不易表达，我们就用它的英文名称首字母的缩写来代替。例如，PVC指的是聚氯乙烯，其单体是氯乙烯。

混聚物

　　聚合反应中，除非单体消耗完毕，否

◀ 潜水服的材料是氯丁橡胶。这是一种通过加成反应制成的防水橡胶。

近距离观察

常见的聚合物

你也许已经听说过一些常见的聚合物名称，比如聚氯乙烯或是聚乙烯。这些化合物和其他聚合物具有诸多不同的性质。它们的许多性质是由其单体的性质决定的。连接在一起形成长链而构成聚合物的小分子称为单体。许多塑料是由不同聚合物的混合物制成的，每种聚合物都赋予了塑料某些特性。

聚合物	单 体	单体结构	聚合物的性质
聚乙烯	乙烯	碳 氢	聚乙烯制成的塑料可塑性很强，它可用于制造包装材料和电线的绝缘材料
聚丙烯	丙烯		聚丙烯塑料的性质和聚乙烯塑料类似，但质地略硬，价格也更高
聚苯乙烯	苯乙烯	苯基	这种聚合物用于制造泡沫塑料。它也被添加到其他聚合物中以增加防水性能
聚氯乙烯	氯乙烯	氯	聚氯乙烯可以制作高强度塑料。它耐火、耐腐蚀，也是良好的绝缘材料
特氟龙（聚四氟乙烯）	四氟乙烯	氟	特氟龙是一种很滑的物质，被用作不粘锅的涂层

则反应会一直继续下去。如果加入新的单体，反应会继续，聚合物链会再次增长。这使生产由两种或多种不同单体制成的共聚物成为可能。

共聚物的性质取决于分子中不同单体的性质。乙烯制成的聚合物硬度较低，而聚丙烯更坚韧。聚苯乙烯可以制成玻璃状的聚合物，而橡胶聚合物具有弹性。化学家可以混合某些单体，以生产出能恰到好处体现每种特性的聚合物。共聚物可以由每种单体的嵌段制成，也可以由单体随机排列制成。

化学在行动

无比顺滑，毫不粘连

不粘锅内涂有一层叫作特氟龙的聚合物。特氟龙是聚四氟乙烯的英文名称的缩写。特氟龙是已知的摩擦系数最低的固体，这就是为什么不粘锅里很难有任何东西粘住——大多数的食物都会从特氟龙涂层上滑落。

1938年，美国杜邦公司继发明了尼龙之后，又发明了特氟龙。特氟龙不仅用于制造不粘炊具，也被用在各种领域。例如，宇航员的宇航服和其他装备中都含有特氟龙。

有的品牌的服装里也使用了特氟龙材料。这些服装的面料由两层尼龙夹着一层特氟龙制成，有着十分特殊的防水效果，它在阻绝雨水浸湿衣物的同时，却又是透气的，可以让汗水通过面料散发出去。

▲ 不粘锅的内部涂有一层特氟龙。特氟龙非常滑，即使食物烧焦也不易粘在上面。

▼ 由聚氯乙烯（PVC）制成的大型下水道管道。聚氯乙烯可用于制造坚硬的物体，其不易腐蚀也不易破碎。

聚合物也可以通过精确地操控单体的排布来制备。例如，可以控制两种类型的单体交替连接形成共聚物。不过，这样的共聚物制造起来成本较高。

腈纶是共聚物的一个例子。它是丙烯酸（一种非常活泼的羧酸）的两种酯的共聚物。

缩聚物

一些单体不是通过加成反应形成聚合物，而是通过缩合反应聚合。反应中两个单体结合时会生成一个水分子。尼龙、聚酯纤维以及天然聚合物如纤

维素和淀粉都是缩聚物。缩聚物的单体含有两个或两个以上的官能团，每个单体的官能团之间通过反应成键，并且每个单体至少还有一个官能团不参与缩合反应，这些未反应的官能团又可以与不同聚合物上的单体成键，使几个聚合物链之间建立交联，形成一个非常大的网状分子。

聚合物的性质

当你察看塑料杯、橡胶球或是尼龙绳

时，是看不到它们内部的聚合物分子的，聚合物分子显然很小。如果我们能够"观察"到这些分子，就能看出它们的分子各有不同。例如，塑料杯和橡胶球的聚合物分子就大不相同，那是因为它们的聚合物链的排列方式不同。

全能型材料？

你或许会认为塑料是一种很有用的材料。没错，塑料几乎可以被制成一切。但你是否想过我们把塑料制品丢入垃圾箱后的情景？要知道，塑料的性质之一就是难以降解。因此，如果塑料与其他垃圾一起掩埋，它将在许多年内持续存在。其他材料例如金属和木材都可以被回收或者再利用，但塑料很难回收。热固性材料根本无法熔化，不同热塑性塑料的混合物在重新成型加工之前必须分离开来。

▶ 右图是海滩上的废弃塑料。废弃塑料并不重，但会占用大量空间。

由聚合物制成的物质的特性取决于聚合物的排列方式。最简单的排列是无支链的直链聚合物，这些链可能有数千个甚至数百万个原子的长度，这些聚合物的成品含有各种长度的链。无支链的直链聚合物分子紧密地堆积在一起，有的甚至形成晶体。这类聚合物可以制造坚硬的材料，这是因为其内部的分子堆积得十分紧密而难以移动，因而不易变形。

然而，当我们拉伸这种材料的样品时，聚合物链会相互发生滑移，使样品变得更长。当我们停止拉伸时，聚合物链会停在新的位置，样品即保持新的拉伸形状。有类似这种性质的材料被称为具有可塑性。

支链聚合物的主链上有侧链，侧链阻止直链之间紧密地堆积，这种聚合物更具柔性。通过加成反应制成的聚合物，例如聚乙烯，既可以形成直链的也可以形成支链的。

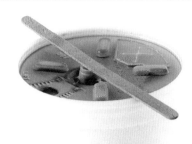

▲ 泡沫塑料是充满气泡的聚苯乙烯。

化学在行动

◀ 硫化橡胶制成的轮胎非常坚韧，也使它们难以处理。

硫化

最初的橡胶制品是一种有延展性的胶状物质。若要使橡胶有更广泛的应用，例如制造轮胎、鞋底和其他各种物品，就需要将橡胶进行硫化处理。

硫化使橡胶的聚合体直链间产生了交联。在最常见的硫化反应中，人们将硫混入橡胶然后加热，硫原子与两条聚合物链上的碳原子键合生成C—S—C的交联。这样的交联越多，橡胶越强韧。

关键词

- **键**：在化学结构式中表示元素原子价的短横线。是指原子或离子之间通过电子的共享或转移形成的相互作用力。
- **交联**：能形成不溶不熔的三维(体型)网状结构聚合物的反应。
- **晶体**：由原子、离子或分子在空间按一定规律周期重复地排列构成的固体物质。
- **弹性**：物体在外力作用下发生形变，当外力撤销后能恢复原来大小和形状的性质。
- **可塑性**：生物的结构、形态和功能受环境因子的影响而产生差异的一种自然属性。

近距离观察

可塑性还是弹性？

由聚合物制成的塑料、橡胶或其他由聚合物制成的材料的弹性取决于其聚合物的排列方式。

拉伸前	拉伸中	拉伸后
无支链的直链	聚合物发生轻微滑移	聚合物保持拉伸状态
含有支链	聚合物很容易滑移	聚合物保持拉伸状态
卷曲链	聚合物拉伸并相互滑移	聚合物发生回缩，但形状被拉伸
交联的卷曲链	聚合物拉伸但不发生相互滑移	聚合物回弹到最初状态
交联的直链	聚合物只发生轻微的移动	聚合物回弹到最初状态

卷曲与交联

橡胶是具有线圈状卷曲结构的链式聚合物，当它们被拉伸时，卷曲链会伸直并变长，但停止拉伸后，长链会回弹到原来的卷曲状态。有这种表现的聚合物被描述为具有弹性。然而，未经处理的橡胶的表现也类似塑料，一些聚合物链相互发生滑移，导致橡胶发生永久性拉伸变形。因此，在卷曲状长链之间添加交联可以阻止这种情况的发生，并使橡胶完全具有弹性。向橡胶添加交联的过程称为硫化。

热固性材料

含有大量交联键的聚合物可以制成具有很高强度的材料。如果要使材料断裂或改变形状，必须破坏交联键。许多聚合物在加热的时候会产生交联键，这样的聚合物被称为热固性材料。热固性材料被用于制造成型物体，将聚合物的粉末状组分装入模具中并加热，热量使聚合物成型，并使聚合物产生交联而变得非常坚硬。

▲ 由胶木制成的古董收音机。胶木是酚醛树脂的俗称，是早期发明的热固性材料。

元素周期表

元素周期表是根据原子的物理和化学性质将所有化学元素排列成一个简单的图表。元素按原子序数从1到118排列。原子序数是基于原子核中质子的数量。原子量是原子核中质子和中子的总质量。每个元素都有一个化学符号，是其名称的缩写。有一些是其拉丁名称的缩写，如钾就是拉丁名称

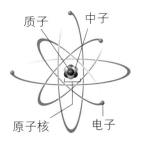

原子结构

原子序数 →
33 As ← 元素符号
砷 ← 元素名称
74.92160(2) ← 原子量

氢
碱金属
碱土金属
金属
镧系元素

	I A	II A	III B	IV B	V B	VI B	VII B	VIII B	VIII B
1	1 **H** 氢 1.00794(7)								
2	3 **Li** 锂 6.941(2)	4 **Be** 铍 9.012182(3)							
3	11 **Na** 钠 22.989770(2)	12 **Mg** 镁 24.3050(6)							
4	19 **K** 钾 39.0983(1)	20 **Ca** 钙 40.078(4)	21 **Sc** 钪 44.955910(8)	22 **Ti** 钛 47.867(1)	23 **V** 钒 50.9415	24 **Cr** 铬 51.9961(6)	25 **Mn** 锰 54.938049(9)	26 **Fe** 铁 55.845(2)	27 **Co** 钴 58.933200(9)
5	37 **Rb** 铷 85.4678(3)	38 **Sr** 锶 87.62(1)	39 **Y** 钇 88.90585(2)	40 **Zr** 锆 91.224(2)	41 **Nb** 铌 92.90638(2)	42 **Mo** 钼 95.94(2)	43 **Tc** 锝 97.907	44 **Ru** 钌 101.07(2)	45 **Rh** 铑 102.90550(2)
6	55 **Cs** 铯 132.90545(2)	56 **Ba** 钡 137.327(7)	57-71 La-Lu 镧系	72 **Hf** 铪 178.49(2)	73 **Ta** 钽 180.9479(1)	74 **W** 钨 183.84(1)	75 **Re** 铼 186.207(1)	76 **Os** 锇 190.23(3)	77 **Ir** 铱 192.217(3)
7	87 **Fr** 钫 223.02	88 **Ra** 镭 226.03	89-103 Ac-Lr 锕系	104 **Rf** 𬬻 261.11	105 **Db** 𬭊 262.11	106 **Sg** 𬭳 263.12	107 **Bh** 𬭛 264.12	108 **Hs** 𬭶 265.13	109 **Mt** 鿏 266.13

镧系元素

57 **La** 镧 138.9055(2)	58 **Ce** 铈 140.116(1)	59 **Pr** 镨 140.90765(2)	60 **Nd** 钕 144.24(3)	61 **Pm** 钷 144.91

锕系元素

89 **Ac** 锕 227.03	90 **Th** 钍 232.0381(1)	91 **Pa** 镤 231.03588(2)	92 **U** 铀 238.02891(3)	93 **Np** 镎 237.05

缩写。元素的全称在符号下方标出。元素框中的最后一项是原子量，是元素的平均原子量。

这些排列好的元素，科学家们将其垂直列称为族，水平行称为周期。

同一族中的元素其原子最外层中都具有相同数量的电子，并且具有相似的化学性质。周期表显示了随着原子内外层电子数量的增加逐渐变得稳定。当所有的电子层都被填满（第18族原子的所有电子层都被填满）时，将开始下一个周期。

- 镧系元素
- 稀有气体
- 非金属
- 类金属

			ⅢA	ⅣA	ⅤA	ⅥA	ⅦA	ⅧA
								2 He 氦 4.002602(2)
			5 B 硼 10.811(7)	6 C 碳 12.0107(8)	7 N 氮 14.0067(2)	8 O 氧 15.9994(3)	9 F 氟 18.9984032(5)	10 Ne 氖 20.1797(6)
ⅧB	ⅠB	ⅡB	13 Al 铝 26.981538(2)	14 Si 硅 28.0855(3)	15 P 磷 30.973761(2)	16 S 硫 32.065(5)	17 Cl 氯 35.453(2)	18 Ar 氩 39.948(1)
28 Ni 镍 58.6934(2)	29 Cu 铜 63.546(3)	30 Zn 锌 65.409(4)	31 Ga 镓 69.723(1)	32 Ge 锗 72.64(1)	33 As 砷 74.92160(2)	34 Se 硒 78.96(3)	35 Br 溴 79.904(1)	36 Kr 氪 83.798(2)
46 Pd 钯 106.42(1)	47 Ag 银 107.8682(2)	48 Cd 镉 112.411(8)	49 In 铟 114.818(3)	50 Sn 锡 118.710(7)	51 Sb 锑 121.760(1)	52 Te 碲 127.60(3)	53 I 碘 126.90447(3)	54 Xe 氙 131.293(6)
78 Pt 铂 195.078(2)	79 Au 金 196.96655(2)	80 Hg 汞 200.59(2)	81 Tl 铊 204.3833(2)	82 Pb 铅 207.2(1)	83 Bi 铋 208.98038(2)	84 Po 钋 208.98	85 At 砹 209.99	84 Rn 氡 222.02
110 Ds 𫓧 (269)	111 Rg 𬬭 (272)	112 Cn 𬬻 (277)	113 Uut * (278)	114 Fl 𫓧 (289)	115 Uup * (288)	116 Lv 𫟷 (289)		118 Uuo * (294)

62 Sm 钐 150.36(3)	63 Eu 铕 151.964(1)	64 Gd 钆 157.25(3)	65 Tb 铽 158.92534(2)	66 Dy 镝 162.500(1)	67 Ho 钬 164.93032(2)	68 Er 铒 167.259(3)	69 Tm 铥 168.93421(2)	70 Yb 镱 173.04(3)	71 Lu 镥 174.967(1)
94 Pu 钚 244.06	95 Am 镅 243.06	96 Cm 锔 247.07	97 Bk 锫 247.07	98 Cf 锎 251.08	99 Es 锿 252.08	100 Fm 镄 257.10	101 Md 钔 258.10	102 No 锘 259.10	103 Lr 铹 260.11